土木遺産

Engineering's Heritage in America and Oceania

世紀を越えて生きる叡智の結晶

アメリカ・オセアニア編

Ⅵ

一般社団法人 建設コンサルタンツ協会『Consultant』編集部 編

ダイヤモンド社

読者の皆様へ

「土木」は、英語で「Civil Engineering」と表記します。文字通り「市民のための工学」ということになります。港湾、空港、海岸、河川、ダム、道路、橋梁などの構造物をはじめとして、電力、ガス、上下水道などのライフライン、都市、公園、情報、環境など、土木施設は多岐にわたり、市民の生活の支えとなっています。

古来、人はよりよい生活を営むために、その時代で最高の技術と労力を注ぎ、さまざまな土木施設を造って文明を築いてきました。そのなかには、人々に大切に守られながら世紀を越えて、いまもなお使い続けられる歴史的価値の高い現役の建造物も少なくありません。そこには、後世の私たちが学ぶべき先人が残した多くの叡智が集約されています。

私たちはこのような建造物を「土木遺産」と呼び、そこに込められた叡智を読み解く旅を始めました。日本が近代化の範としたヨーロッパ諸国を皮切りに、その原点となった古代技術の発祥地であるインドや中国へ。さらには、これらの技術が伝わって独自の文化と融合・発展した東南アジア諸国や日本へと、私たちの旅は広がっています。

私たちはこれまでに、ヨーロッパ、アジア、日本の土木遺産を紹介してきました。本書では、アメリカとオセアニアの土木遺産を紹介いたします。

私たちと一緒に、先人の叡智を読み解く旅に出かけてみませんか。

令和二年二月

一般社団法人 建設コンサルタンツ協会『Consultant』編集部

目次

Part 1 北アメリカ編

ウェランド運河
カナダ オンタリオ州

ブルックリン橋
アメリカ ニューヨークシティ

ロイヤルゴージ・ルート鉄道
アメリカ キャノンシティ

フーバーダム
アメリカ アリゾナ州／ネバダ州

ケーブルカー
アメリカ サンフランシスコ

ゴールデンゲート橋
アメリカ サンフランシスコ

Message メッセージ

Part1

モンロビア・ハイスクールの建物（写真：ダニエル・カール）

A rolling stone gathers no moss

〜転がる石に苔つかず〜　ダニエル・カール Daniel Kahl

私は、アメリカ・カリフォルニア州南部、ロサンゼルスから東に車で一時間ほどのモンロビアという町で生まれた。四万人ぐらいしかいない小さな町は、乾燥地域にありながら小さな川が流れ、約一三〇年前に人が住むようになった。ほどなくして、僕の先祖も北西部のミネソタからこの暖かい町に移り住んだ。

祖父は、上下水道関係のシビルエンジニア。北部のコロラド川からカリフォルニア南部までの運河、アクアダクトの仕事もしていた。父は消防士。山火事が起こると消火活動で三、四日いなくなる。真っ黒になって帰ってきてはシャワーを浴び、また出かけていった。だから、水の大切さは小さい頃からよく知っている。

当時のモンロビアの宅地は、畑も作れる広さで分譲されていた。そして「道路沿いには何かしらの木を植える」という決まりがあった。いまではポプラアベニューやマグノリアアベニューなど、植えられた木の種類が通りの名前になっている。昔の航空写真と比べると、乾燥地帯にありながらジャングルのような緑豊かな町となった。

モンロビアの町のシンボルになっているのが、母校モンロビア・ハイスクールの建物。一九三〇年代の真っ白な二階建てで、前は芝生、後ろは山。大きなベルタワーの音は授業開始の合図。古い造りのまま残る学校で、映画の撮影にもよく使われる。

　カリフォルニアで歴史的建造物があるのは、港のあるサンフランシスコくらいだ。サンフランシスコは捕鯨で栄え、ゴールドラッシュで発展した。しかしアメリカ横断鉄道が開通して港は衰退し、太平洋戦争以前は田舎町だったロサンゼルスがアメリカ第二の都市となった。

　文化人類学的に考えれば、アメリカ人の遺伝子は他国とどこか違う。僕の先祖もドイツ、チェコ、ノルウェー、スウェーデン、イギリス、スコットランド、アイルランドの七か国になる。より豊かな生活を求めて、次男坊や三男坊が海を渡ってきた。そしてアメリカで土地を買って開拓。一通り開拓が終わると、そこを売ってさらに西に行き、別の土地を買ってまた開拓した。僕の先祖もそうだったが、このパイオニア・スピリッツはアメリカ人の原点。この柔軟性がアメリカ経済のダイナミックさにつながっている。

　「転がる石に苔つかず」という諺《ことわざ》がある。イギリス人に言わせると「いつも動いているものには苔がつかないからダメ」という意味になるが、アメリカ人にとっては「苔がつくと汚くなるから転がる石の方がいい」となる。転職も多く、いつも違うことにチャレンジする。同じ英語の諺なのに、イギリス人とアメリカ人の文化では解釈が異なる。だから、アメリカ人はよく移動する。「引っ越し魔」と言われ、僕もすでに一二、三回引っ越している。

　映画や音楽に多く登場したルート66は、シカゴと西海岸のサンタモニカを結んでいた大陸横断道路で、アメリカ南西部の発展に貢献した。その後、USハイウェイシステムというものが、アイゼンハワー大統領の時代に造られた。これらの州間高速道路がアメリカが世界一の経済大国になっていった要因の一つだ。第二次世界大戦中に司令官だったアイゼンハワーは、悪路で途切れたりする道路や、ゲージ（軌道幅）が統一されていない鉄道などに苦労しながら、アメリカを横断して物資等を運搬した。だから、大統領になった時に道路整備に着手した。いまでは素晴らしい州間高速道路によって、アメリカをスムーズに移動できるようになった。

　ルート66はちょっと古い。走るのはゆっくりでも趣がある。時間が大切だったら州間高速道路。景色を楽しみたければ、この古いハイウェイを使うとよいだろう。古い町並みやいろいろな農地が見られ、商店街みたいなところがあったりして、けっこう面白い。

ダニエル・カール Daniel Kahl プロフィール

一九六〇年、米国カリフォルニア州モンロビア市生まれ。モンロビア高校時代、交換留学生として奈良県の智弁学園に一年間滞在。パシフィック大学在学中に大阪の関西外国語大学に四か月間学び、その後、京都二尊院に二か月間ホームステイ、佐渡島で四か月間文弥人形づかいの弟子入りをした。卒業後日本に戻り、文部省（当時）英語指導主事助手として山形県に赴任し、三年間英語教育に従事。その後、上京し、セールスマンを経て、通訳・翻訳会社を設立。三〇年前からテレビ・ラジオ等の仕事を兼務して現在に至る。好奇心旺盛な性格とバイタリティあふれる行動力、そしてユーモア豊かなサービス精神、英語やドイツ語に加え三年間の山形での生活で鍛えた山形弁を武器に、ドラマ、司会、コメンテーターなど、何でもこなすマルチタレントで、山形弁研究家。

［カナダ オンタリオ州］

ウェランド運河

セントローレンス海路を支える

セントローレンス海路

北米大陸東部のカナダとアメリカ国境付近には、五大湖とセントローレンス川があり、これに沿って下流のモントリオールと五大湖を結ぶセントローレンス海路と呼ばれる舟運ルートが大西洋と内陸部をつないでいる。カナダとアメリカの合同プロジェクトとして一九五九年に完成。二万トン級の大型船の航行が可能である。北米大陸で最も重要なこの舟運ルートは、上りは鉄鉱石を、下りは小麦粉を主とした穀物などの運搬を担っている。

五大湖の下流側の二つの湖、エリー湖とオンタリオ湖に挟まれたカナダ・オンタリオ州の地には、エリー湖岸の街ポートコルボーンとオンタリオ湖岸の街ポートウェラーを結ぶ運河が通っている。この運河は当初、ルートの一部にウェランド川を利用していたことから、ウェランド運河と呼ばれている。この運河の全長は四三・四キロメートルで、セントローレンス海路の西の部分を構成している。二つの街の標高差は九九・五メートルに及び、八個の閘門を設けて舟運を可能にしている。なぜ、ここに運河が造られたのだろうか。

ウェランド運河の歴史

五大湖からセントローレンス川・大西洋への舟運ルートのうち、このエリー湖とオンタリオ湖を結ぶ運河は、五大湖周辺の人々にとっての悲願であった。現在のカナダの南オンタリオ地域にあたるこの地方は、一七九一年から一八四二年までイギリスの植民地で、アッパー・カナダと呼ばれていた。アッパーとは、セントローレンス川の上流を意味する。下流地域もローワー・カナダと呼ばれ、イギリスの植民地であった。

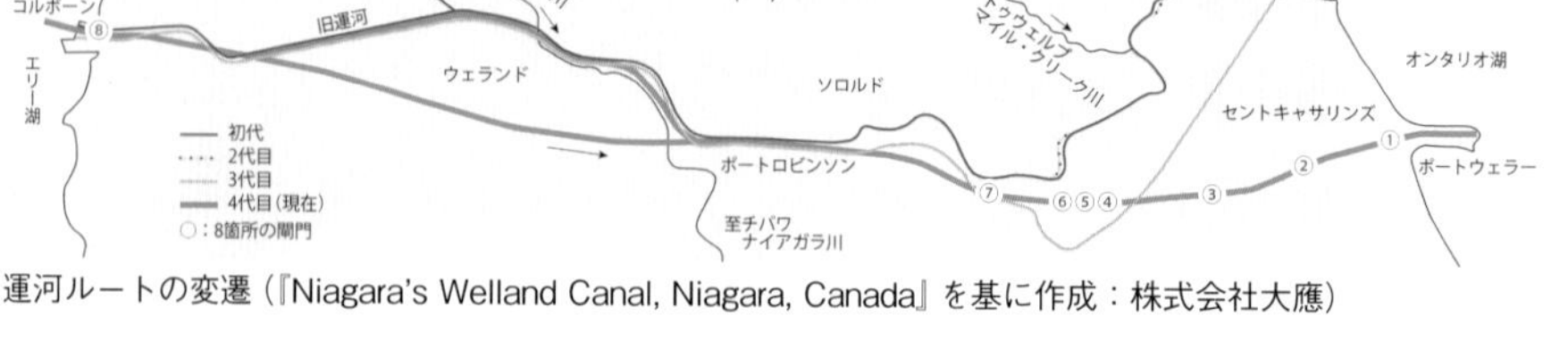

運河ルートの変遷（『Niagara's Welland Canal, Niagara, Canada』を基に作成：株式会社大應）

最初の運河は、アッパー・カナダの実業家ウィリアム・ハミルトン・メリットが設立した運河会社により、一八二四〜二九年にかけて、まず、オンタリオ湖のポートダルージーからウェランド川のポートロビンソンまでの間が建設された。メリットは、セントキャサリンズの街で経営していた工場に水を引くために、街の近くを流れるトゥエルブマイ

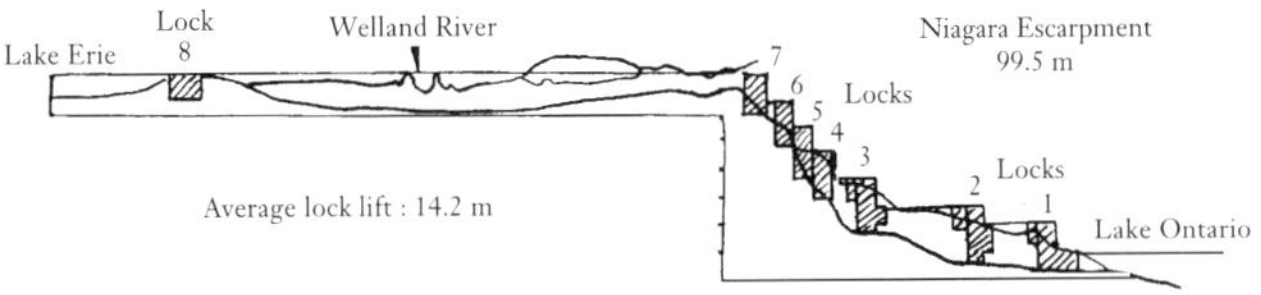

ウェランド運河縦断図（出典：「THE WELLAND CANAL SECTION OF THE ST. LAWRENCE SEAWAY」ホームページ）

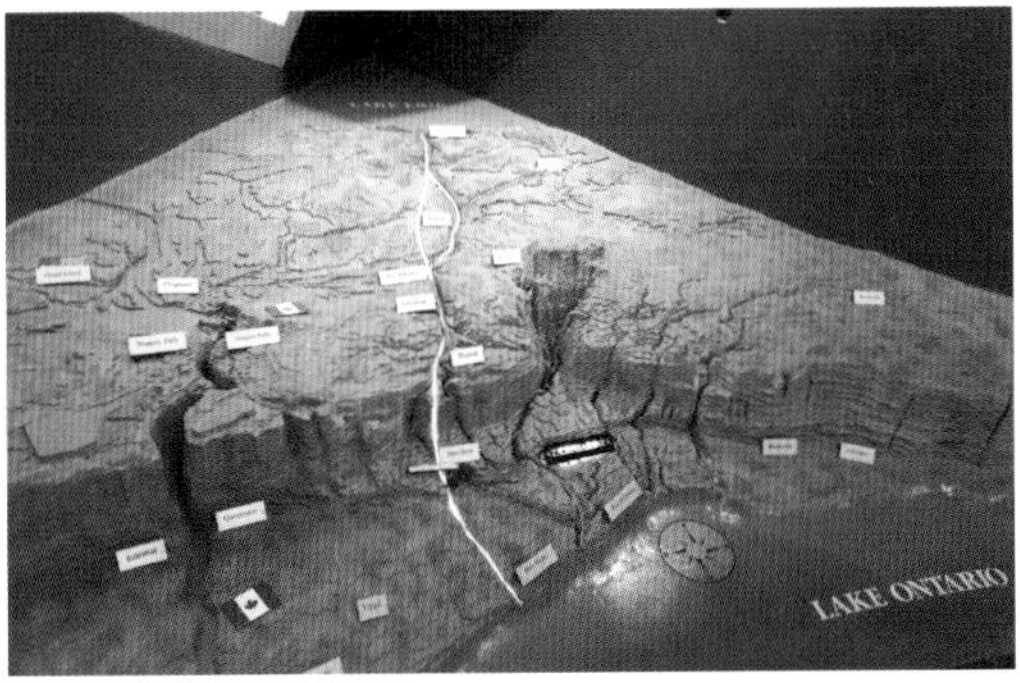

ナイアガラ断崖を越える4代目運河ルート模型
（セントキャサリンズ博物館）

跳ね橋を通過する船舶

2代目の運河跡

初代の運河イメージ絵（セントキャサリンズ博物館）

閘門の変遷

	初代	2代目	3代目	4代目(現在)
完成年	1829(暫定) 1833(延伸)	1845	1887	1932
閘門数	40	27	26	8
閘室壁材 閘門扉材	木 木	石 木	石 木	コンクリート スチール
閘室長 閘室幅	33.5m 6.7m	45.7m 8.1m	82.2m 13.7m	261.8m 24.4m
水深	2.4m	2.7m	4.2m	9.1m
リフト高	1.8 ～ 3.4m	2.9 ～ 4.3m	3.7 ～ 4.9m	14.2m
通過可能船長	30.5m	42.7m	77.7m	225.5m
貨物積載量	185t	750t	3,000t	25,000t

（『The Driver's Guide to the Historic Welland Canal』を基に作成）

ル・クリーク川と、その上流地域を流れるウェランド川を結ぶルートを選定した。そして暫定的に、ポートロビンソンから上流はウェランド川からチパワに抜け、ナイアガラ川を経てエリー湖に向かうルートとして開通した。そのわずか四年後の一八三三年には、ルートの短縮を目的としてポートロビンソンからエリー湖のポートコルボーンまでの延伸区間が完成した。この運河は全長四四キロメートル、四〇か所の木造閘門で構成されていた。帆船は馬で曳いて通過させていた。しかし、木造で貧弱な構造は維持管理費が嵩み、通行料収入だけでは運河を運営するには不十分であった。結局、運河会社は一八三七年の金融恐慌に巻き込まれて経営が悪化し、一八四一年にアッパー・カナダとローワー・カナダの統一植民地政府に買収された。

その後、閘門に使われた木材の劣化と通過する船舶の大型化に応えるため、ほぼ同じルートで二代目のウェランド運河が完成した。閘室を木造から石積みにして規模を拡大し、閘門は二七か所に減らした。

続く三代目のウェランド運河は、帆船から蒸気船への移行と増大する需要に応えるため、ソロルドからポートダルージーまでの下流ルートをバイパスして一八八七年に完成した。閘門はさらに一つ減り、閘室は拡張され幅が一三・七メートル、長さが八二・二メートルとなった。

そして、現在の運河は四代目となる。当時、舟運の効率化から船舶の大型化が望まれており、一九〇七年から一二年にかけて再度運河の大型化の計画が立てられた。閘室の長さを二六〇メートルに拡大し、閘門数も八か所へと大幅に減らして一九一三年に着工した。

ナイアガラのアメリカ滝（左）とカナダ滝（右）

途中、第一次世界大戦により中断されたものの、一九一九年に工事を再開して三二年に完成した。
さらに一九六七〜七三年には、船舶の速度を上げるためと、運河を渡る自動車交通阻害を軽減するために、ウェランドの街の東側を通るバイパスが建設された。西側に位置する旧運河は、ウェランド・リクリエーショナル運河と呼ばれ、いまでは舟運には使われていない。
現在、運河の運営管理は、セントローレンス海路マネジメント公社が行っている。

高低差の克服と運河の誕生

エリー湖とオンタリオ湖には、カナダとアメリカの国境線が通っている。北岸はカナダ・オンタリオ州、南岸はアメリカ・ニューヨーク州である。また、二つの湖に挟まれた陸地には、ナイアガラ川が流れ、川が国境の一部をなしている。エリー湖からオンタリオ湖へと北流するこの川は、途中に有名なナイアガラの滝がある。落差は、約六〇メートルの滝で、古来、舟運が不可能なことから交易の難所であった。当然、船舶はここを往来できないため、この滝で一度荷物を降ろした後、陸路で滝の向こう側に向かい、再び船舶に荷物を積み替える必要があった。

　ウェランド運河の誕生は、このナイアガラの滝に代表されるナイアガラ断崖による高低差を克服するため、この滝をバイパスさせた結果であると言える。

閘門による船舶航行の仕組み

　現在のウェランド運河には、下流のオンタリオ湖から上流のエリー湖へと一番から番号が付いた八か所の閘門がある。これらにより、九九・五メートルの標高差を克服している。

下流から望む第4、5、6の3連の閘門

第7閘門を通過する船舶

　閘門ではバルブの開け閉めにより、水を上流から下流へ自然流下させて、船舶を上下させている。その水量は約九万一〇〇〇立法メートルにも及び、約一一分で閘室内が満水になる。

　四〜六番の閘門は、三つ連続した構造になっている。これは、ナイアガラ断崖を越えるためで、標高差の大半をこの付近で解消しなければならないからだ。また、この三連の閘門はツインフライトロックと呼ばれ、上りと下りの閘門が並列に配置されている。ウェランド運河の中でも、ここだけが二航路ある特殊な構造となっている。三つの閘門を通過するには三倍の時間を要するので、反対方向に進む船舶にとっては待ち時間が余計にかかる。そこで、船舶の遅延を解消できるよう、全航路での通過時間短縮のための構造とした。航路は、右側通行である。

　第二、第三、第六、そして第七閘門の直上流の右岸には、それぞれ調整池が設けられている。その下流に位置する閘室内に自然流下

第3閘門のシップアレスターと工事中のハンズフリー真空係留システム

させる水量を常に確保しておく必要があるからだ。
　閘門の平均リフト高は、一四・二メートルである。しかしエリー湖近くにある最上流の第八閘門だけは、エリー湖との水位調節をするもので、リフト高は〇・三〜一・二メートルに過ぎない。
　それぞれの閘門の下流端では、船舶が所定の位置に着いた後、黄色いクレーンを使ったスチール製のケーブル・シップアレスターが降ろされる。船舶が下流へ流され、各施設を破壊しないようにするためのもので、最大四万トンまでの船舶をつなぎ留めておくことができる。現在、閘室壁内のレールを上下する真空パッドで係留するシステムに変更する工事が進行中である。
　通行料は、貨物船では積荷の総トン数と種類に応じて、片道一万

〜三万一〇〇〇カナダドル、小型の旅客船では、約一五〇〇カナダドルである。多い日には、一日に約三〇隻が通過する。

運河に架かる橋、運河をくぐる道路と河川

ウェランド運河を横断する交通のため、四つの跳ね橋と三つの昇降橋が設置されている。そのなかには、高さ約五〇メートルの鋼製主塔間を橋桁が上下に移動する昇降橋がある。両側の主塔には巨大なコンクリート製のカウンターウェイトが吊るされ、その重量感には圧倒される。セントキャサリンズにある博物館の庭には最上部にある滑車が展示されている。

運河を横断するのは橋だけではない。運河下をトンネ

昇降橋をくぐる船舶

運河をくぐる道路

サイフォンの原理で運河をくぐる河川

ルで貫いている道路も三か所ある。さらに、河川も運河と立体交差している。川が川の下を通過するという奇妙な構造であるが、これはサイフォン式になっていて、上流側の水位と運河をくぐった後の下流側の水位は等しく保たれている。

周辺の関連施設

運河下流の街セントキャサリンズにある第三閘門脇には博物館が建っている。同館はウェランド運河センター内にあり、ウェランド運河の歴史や存在感を世に周知し、その貢献度を広く一般にアピールすることを目的としている。運河の模型、展示施設、視聴覚室のほか、屋外の展望デッキからは、閘門を通過する船舶の一連のサイクルが見学できる。また、運河中流の街ソロルドにある第七閘門近くにも、ビューイングコンプレックスと呼ばれるインフォメーションセンターがあり、ここでも船舶を間近に見ることができる。

運河とともに

ウェランド運河沿い、エリー湖近く、ナイアガラ川沿

セントキャサリンズ博物館正面

い、そしてオンタリオ湖近くには、一周約一四〇キロメートルの周回道路が設けられている。ウェランド運河パークウェイトレイルと呼ばれる遊歩道で、サイクリングなどに利用されている。レクリエーション施設の一つとして市民に親しまれ、憩いの場ともなっていて、いたるところで水辺空間を満喫できる。

　ウェランド運河は、誕生から二〇〇年近く経ったいまもなお北米大陸の枢要な舟運ルートの一部として機能している。そして、社会経済の要請を受け、これからも多くの改良を施して、東側に五代目の運河を建設する計画があるという。

　今後も上下流への舟運の需要と、地元の人たちや観光客に運河が利用され、愛され続け、次代へと着実に継承されていくであろう。セントローレンス海路の一部として、これからもその重要な役割をずっと担い続けていくに違いない。

博物館が併設している第3閘門の模型（セントキャサリンズ博物館）

ウェランド運河パークウェイトレイル

日本の類似土木施設　船頭平《せんどうひら》閘門

類似点　閘門がある運河

概　要　明治時代の「木曽三川分流工事」によって分断された木曽川と長良川の間で、一メートルの水位差を調整して船が行き来できるように、一九〇二（明治三五）年に完成した閘門。側壁はレンガ積みで、船が衝突する恐れのある部分は花崗岩（御影石）を使用している。閘室の長さは二三・九メートル、幅は五・六三メートル。大正初年までは年間二万隻以上の船が通っていたが、尾張大橋や伊勢大橋が完成して陸上交通が発達したため、船の数は減少し、現在では漁船やレジャーボートが大部分を占める。二〇〇〇（平成一二）年、国の重要文化財に指定された。

所在地　愛知県愛西市

◆現地を訪れるなら◆

毎夜ライトアップされるトロントのCNタワーは、一九七六年にカナディアン・ナショナル（CN）鉄道が建設した電波塔だ。高さ五五三メートルは、二〇〇七年まで、自立式建築物として世界一であった。現在は、東京スカイツリー、広州塔に次ぎ、第三位。お勧めは回転展望レストランからの絶景の他、地上三五六メートル地点で、タワーの外周りを歩くエッジ・ウォークなのだが……。

［アメリカ ニューヨークシティ］
ブルックリン橋
ローブリング親子による偉業

アメリカを象徴する風景

ニューヨークは、言わずと知れた世界を代表する大都市だ。現地を訪れたことがなくても、世界中の誰もが写真や映像を通じて一度は目にしたことがある場所であろう。そのなかでも、マンハッタン南側のイースト川に架かるブルックリン橋は、ニューヨークだけではなく、アメリカを象徴する代表的な土木構造物である。

ブルックリン橋は一八八三年に完成し、橋長一八三四メートル、中央径間四八三メートル、主塔高八四・三メートルで、建設当時には世界最長の中央径間を誇った吊橋であった。その存在感は世界七不思議の八番目の構造物と称えられたほど、人々に衝撃を与えた。今日でも用いられている、その架橋技術は長大吊橋の起源とも言われる。

橋の建設費は約一五〇〇万ドル、工事着工から完成まで一四年の歳月を要した。完成に至るまでのエピソードとして、橋の計画・設計・施工に携わった土木技術者ジョン・A・ローブリングをはじめ、その息子ワシントン、そしてワシントンの妻エミリーら三人の功績と波乱の人生が語り継がれている。なぜ、ブルックリン橋はアメリカを象徴する風景を創り出せたのだろうか。

ブルックリン橋と歴史的背景

現在のニューヨークシティは、中心地となるイースト川とハドソン川に挟まれた島である「マンハッタン」と川で隔てられた周辺の「ブルックリン」「クイーンズ」「ブロンクス」「スタテンアイランド」を合わせた五つの行政区から構成される。ニューヨークの発展は、当然マンハッタンによるものが大きいが、川を隔てた周辺四区との人やモノの往来、言い換えると船舶だけでなく、橋やトンネルなどのインフラをいかに確保するかが密接に関係してきたことは容易に想像できる。

一四九二年のコロンブスの新大陸到達とともに、欧州諸国からアメリカ大陸への入植が始まるが、ニューヨークの都市的発展の契機は一七世紀初頭となる。一六〇九年にオランダ東インド会社所属の探検家ヘンリー・ハドソンは、大西洋に面した良港マンハッタン島を発見し、その後、オランダからマンハッタン島南端へ多くの人が入植した。しかし一六六四年、イギリスの植民地へと変わり、当時のイギリス国王の弟〝ヨーク侯〟に因んで〝ニューヨーク〟と名づけられた。そして一七七六年、アメリカはイギリスから独立を果たし、産業や文明の急速な発展を背景にマンハッタンの市街地拡大が続いた。一七九〇年に三万人程度だった人口は、一八五〇年には五〇万人を超えて、マンハッタンの都市化が進展していくと、イースト川対岸のブルックリンとのつながりが大きく期待された。

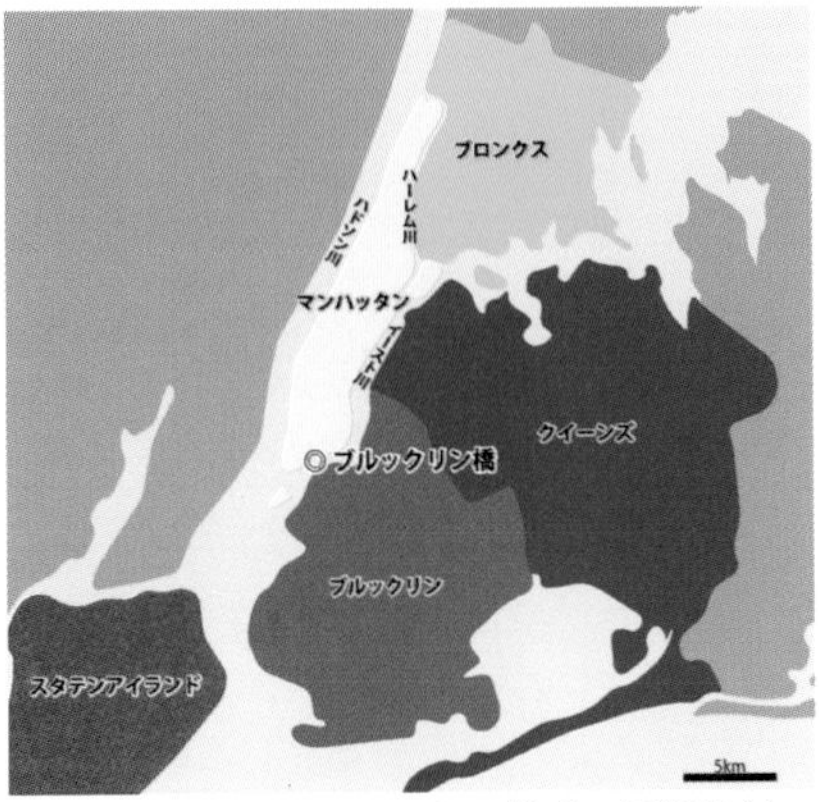

ニューヨーク市と5つの行政区（作成：川崎謙次）

ブルックリン橋が架かる以前、マンハッタンとブルックリンを結ぶ交通手段は蒸気船が主流で、天候不順で運休することも多かった。こうしたなか、世紀の大事業としてブルックリン橋の計画が進められた。

マンハッタンとブルックリン橋

アメリカンドリームを胸にドイツから移住

　ジョン・ローブリングは一八〇六年、ドイツ・チューリンゲン地方で生まれた。決して裕福な家庭ではなかったが、教育熱心な母の期待を背負い、一四歳でバウマイスター（日本の二級建築士相当）に合格するなど、若くして技術者として高い素養があった。その後、ベルリン王立高等理工科学校（現ベルリン大学）へ進学、橋梁工学を学び、卒業論文で取り上げたほど吊橋に深く魅せられ、二〇歳にして優秀な成績で卒業し、プロイセン王国の土木技術者として就職した。しかし二四歳になった一八三〇年、ジョンは将来の地位が保証されている職を投げ捨て、翌年に友人らとともに、アメリカンドリームを胸に新大陸へ渡った。

㊧ジョン・A・ローブリング　㊥ワシントン・A・ローブリング　㊨エミリー・W・ローブリング（出典：『NEW YORK ブルックリンの橋』）

　当初、アメリカへ渡ったジョンは、他の移民者と同様に大農場経営に乗り出すが失敗に終わっている。一八三七年、再度土木技術者としての職に就いた。一八四一年には、人生の転機とも言える「ワイヤーロープ（細い鋼線を撚って束ねたケーブル）」と「平行線ケーブル（鉛筆大の太い鋼線を撚らずに平行に束ねたケーブル）」を発明した。この発明により、ジョンはケーブル製造業者として富を手にし、長大吊橋の技術者として大きな一歩を踏み出すこととなった。

長大吊橋への挑戦

　ジョンは、ワイヤーロープの技術と橋梁技術者としての才能をいかんなく発揮し、吊形式による水路橋や道路橋の設計・建設を多く手がけることとなった。そして一八五五年、実現不可能と言われたナイアガラ渓谷に架かる吊橋「ナイアガラ橋」を完成させたことで、吊橋技術者として名声を博した。この橋は中央径間二四四メートル、上段を鉄道、下段を人と馬車が通るダブルデッキ構造であった。また一八六六年には、南北戦争（一八六一～六五年）の最中に工事が進められたオハイオ川に架かる吊橋「シンシナティ・コビントン橋（現ジョン・A・ローブリング橋）」において、当時、世界最長となる中央径間三二一メートルを実現した。さらにその頃には、レンセラー工科大学で土木技術を学び、一八五七年に卒業した息子ワシントンも、助手として橋の建設に参加させていた。こうした順風満帆な状況のなか、ジョンとワシントンはブルックリン橋建設を手がけることになった。

ブルックリン橋への挑戦

ジョンは、一八五二年の時点ですでにブルックリン橋の構想を持っていたが、その全貌が世間の注目を集めたのは、一〇年以上を過ぎた一八六四年だった。南北戦争終結の一八六五年、ニューヨークの実業家たちによってニューヨークブリッジカンパニーが設立され、一八六七年四月に橋梁事業の認可申請が州議会を通過、翌月ジョンは正式に最高技術責任者に任命された。

ブルックリン橋が長大吊橋の起源と謳われている所以は、世界最長となる中央径間を支えた技術であり、そして転炉製鋼法による鋼製ケーブル、そして防食を目的とした亜鉛メッキ鋼線と平行線ケーブルを用いたことである。それ以前のケーブル素材は錬鉄であり、ナイアガラ橋のケーブル引張強度は七〇キログラムフォース/平方ミリメートルであった。しかしその後、一八五五年にイギリスのベッセマーが発明した転炉製鋼法で製造した鋼製ケーブルの引張強度は、約一・六倍の一一二キログラムフォース/平方ミリメートルへと向上した。また、風や振動による影響に対して十分な剛性を確保するため、補剛桁にはトラス構造を採用した。こうした技術によって橋自体も軽くなり、ケーブルの性能向上とともに中央径間長の更新に大きく寄与した。

主塔から伸びるメインケーブル

ニューヨークの象徴として

ブルックリン橋を強く印象づけるものとして、主塔の存在感と人々が通行する橋上空間が挙げられる。

高さ八四・三メートルの主塔は当時のマンハッタンビル群を凌ぎ、花崗岩で構成されたネオゴシック様式の佇まいは、単なる土木構造物というよりは宗教建築物を思わせるものであった。ジョンは、計画書で「ブルックリン橋は、この大陸とこの時代における最大の土木事業となるであろう。その最も顕著な特徴である巨大な主塔は、隣接する二つの都市の境界標となり、国家的モニュメントの一つに数え上げられる存在となるであろう」と述べている。

当時の幅約二六メートルの橋上空間には、両外側二レーンが馬車用、両内側一レーンがケーブル鉄道用、そして中央部には他のレーンから約五・五メートル高い板敷歩道を設けた。再びジョンの言葉を借りれば「ボードウォークは晴天の日に人々が橋上を散歩し、美しい風景や澄み切った空気にふれることを可能ならしめる。人間がひしめきあう商業都市において、散歩道が計り知れない価値を持つことは言をまたない」と述べている。なお、軌道は一九五〇年に廃止されている。

1905年、ボードウォークを散策する人々
(出典：LIBRARY OF CONGRESS)

100年以上を経て変わらないボードウォーク

ジョンの遺志を継いで

ブルックリン橋は、一八六八年にほぼすべての設計を終えて事業開始に至ったが、未だこの世紀の大事業に対して不安視する声や夢物語と非難する人も多かった。このような時に不幸が訪れる。着工直前の一八六九年六月、ジョンが現地測量中の事故で重傷を負い、一か月後の七月二二日に六三歳でこの世を去ってしまう。事業の要となるジョンの死は関係者に大きなショックを与えたが、八月には当時三二歳であっ

たワシントンがジョンの遺志を継いで最高技術責任者に就いた。
工事は、主塔の基礎工事から着工された。基礎工事は、川底を深く掘り進めるニューマチック・ケーソン工法が採用された。海中深く、気圧が高くなる工事のため、作業員のなかに潜水病を発症する者が出て問題となっていた。こうした矢先の一八七二年、現場指揮に入っていたワシントンも潜水病を患い、下半身不随となってしまった。声を出すこともままならず、難聴に悩まされたワシントンは、ブルックリン側の小高い丘にあるブルックリンハイツの部屋から出ることもあたわず、妻のエミリーに支えられることとなった。

エミリーは、初めワシントンの指示を現場に伝えるだけであったが、独学で複雑な架橋技術を学び、ワシントンの意思を的確に理解し、土木技術者として現場で指揮を執るまでになった。その後、約一〇年に渡ってこれを遂行し、作業員の事故や事業資金の枯渇、工事の一時中断など、多くの困難を乗り越えて橋を完成に導いた。

一八八三年五月二四日に挙行された開通式典には、チ

かつての馬車や鉄道に代わり、現在は3車線道路

河床から24m掘り下げられたマンハッタン側の主塔

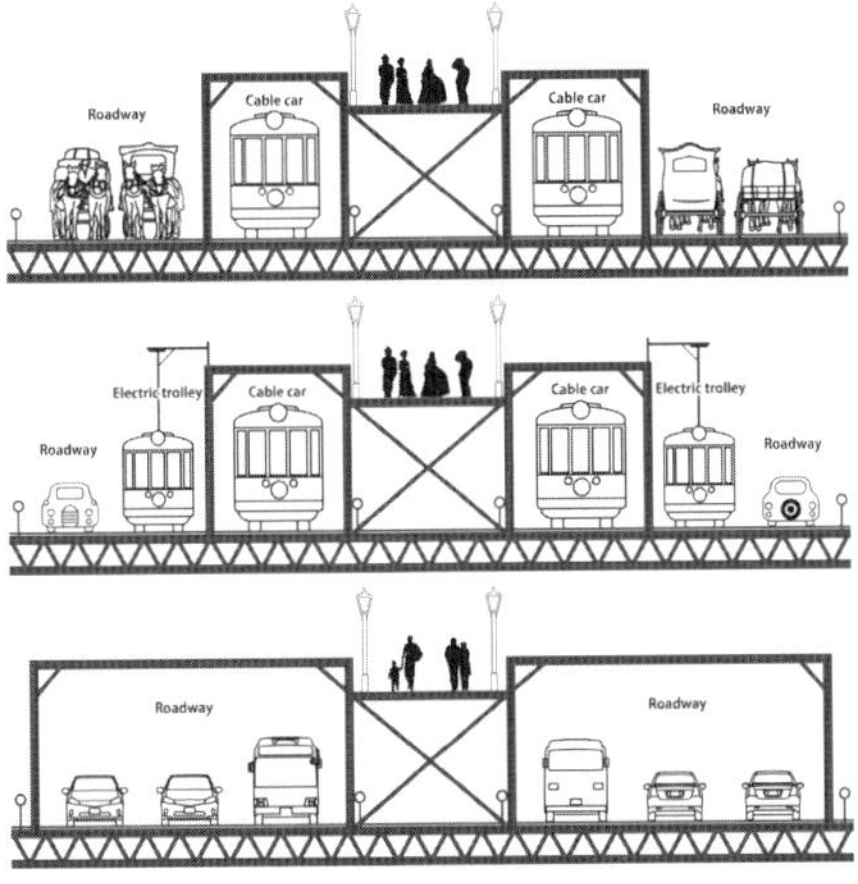

橋の断面イメージ図（現地案内板を参考に作成：川崎謙次）
㊤1883年完成時　㊥1898年頃　㊦1950年以降

補修中のブルックリン側のアプローチ部

ブルックリンハイツからマンハッタンを望む

ェスター・アーサー大統領をはじめ、国会議員、市長、そして多くの市民が参加し、盛大なパレードが催された。式典スピーチで、世紀の大事業となったブルックリン橋は偉大なモニュメントとして称えられ、ジョン、ワシントン、エミリーの献身的な偉業が賞賛された。

しかし、その場にワシントンとエミリー夫妻の姿はなかった。ブルックリンハイツの部屋から二人でその光景を眺めていたのである。予定になかったが、大統領をはじめとした一行が式典終了後にブルックリンの小高い丘を訪れ、ローブリング親子への感謝の意を告げたと伝えられている。

ブルックリンハイツからの眺望

ブルックリン橋に用いられた架橋技術は、その後のアメリカにおける長大吊橋の全盛期へと受け継がれた。

現在、ブルックリンハイツからマンハッタンを望むと、世界を代表する摩天楼の風景が一望できるとともに、九・一一という記憶に深く刻まれた大惨事も思い起こされる。しかしながら、その眼前に一〇〇年以上前の姿のまま佇んでいる橋の存在は、ジョンが想い描いた「国家的モニュメント」に成り得たことに改めて実感させられる。またブルックリンには、最近、注目が集まるダンボ地区や川沿いに整備されたブルックリンブリッジパークなどがあり、今日もマンハッタン側から市民や観光客が、橋のボードウォークを散策しながら渡ってくる姿を見ることができる。

ブルックリン橋とカモメ

日本の類似土木施設　レインボーブリッジ

類似点　航路のランドマーク

概　要　正式名称を「東京港連絡橋」というレインボーブリッジは、高速一一号台場線、臨港道路、そして臨海新交通システム（ゆりかもめ）からなる複合交通施設である。羽田空港のそばで主塔の高さに制限があったり、湾内を大型船が通行するための航路高と幅が必要だったことなどから、上下二層構造の吊橋が採用された。上層部が有料の首都高速道路、下層部は無料の一般道路で、両外側の歩道を歩いて渡ることもできる。橋長七九八メートル、幅員二九メートル、中央径間五七〇メートル、ラーメン構造の主塔高さは一二六メートル。一九八七（昭和六二）年に着工し、一九九三年（平成五）年に完成した。

所在地　東京都港区～江東区

（提供：公益財団法人東京観光財団）

（提供：公益財団法人東京観光財団）

◆現地を訪れるなら◆

グラウンド・ゼロは、英語で「爆心地」を意味する語。二〇〇一年の九月一一日に発生した、アメリカ同時多発テロ事件の標的となったワールドトレードセンター跡地は、九・一一メモリアルとしてタワーの敷地と同じ、約六〇メートル四方の二つの人工池に生まれ変わった。四角いプールのようなこの祈念モニュメントは、四方から流れ落ちる水が中央の黒い闇の中に吸い込まれていく。

Engineering's Heritage

［アメリカ キャノンシティ］ロイヤルゴージ・ルート鉄道

渓谷の絶景を楽しむ

ロッキー山脈に刻む渓谷を走る鉄道

アメリカ西部有数の都市、コロラド州の州都デンバー。標高一六〇〇メートルにあることからマイルハイシティと呼ばれる。デンバーは、古くから日本にゆかりがある。一八八六年に、信州上田藩主次男の松平忠厚が日本人として初めてデンバーの地を踏んで以来、日本人が移り住むようになった。忠厚はアメリカで土木と建築を学び、ニューヨークの建設会社に土木技師として在職中、ブルックリン橋の建設に携わった。コロラド州初の正式な日本人市民として、デンバー市内のリバーサイド墓地に記念碑が建てられている。そして、デンバーから南南西約一九〇キロメートルの地に、フレモント郡の郡庁所在地キャノンシティがある。

一九世紀末まで、鉄道はアメリカ各地で輸送手段の中心であった。コロラド州においても、鉄道はロッキー山中の貨物輸送で重要な役割を果たしてきた。その後、自動車や航空機の発達により旅客を中心に多くの路線が廃止になったものの、いくつかは現在も観光鉄道として復活し、鉄道ファンをはじめ観光客の人気のアトラクションとなっている。

そのうちの一つ、ロイヤルゴージ・ルート鉄道は年間約一〇万人が乗車する人気路線である。キャノンシティを発着駅として、アーカンザス川が浸食してできた大峡谷「ロイヤルゴージ」を通り抜け、町が衰退して地図から消えてしまったパークデールという西側にある地点まで、往復約三五キロメートルを二時間かけて走る。駅には平日でも多くの観光客が訪れ、土産物売り場はごった返すほどである。この鉄道は、「コロラドプラウド」と称する地元食材を使った美味しい料理を席まで持ってきてくれることでも人気があり、使われている皿も発着駅近くの刑務所で製作している。出入り自由なオープンカーが連結されていて、景色が堪能できる。

列車が発車すると、右手にその刑務所が見えてくる。

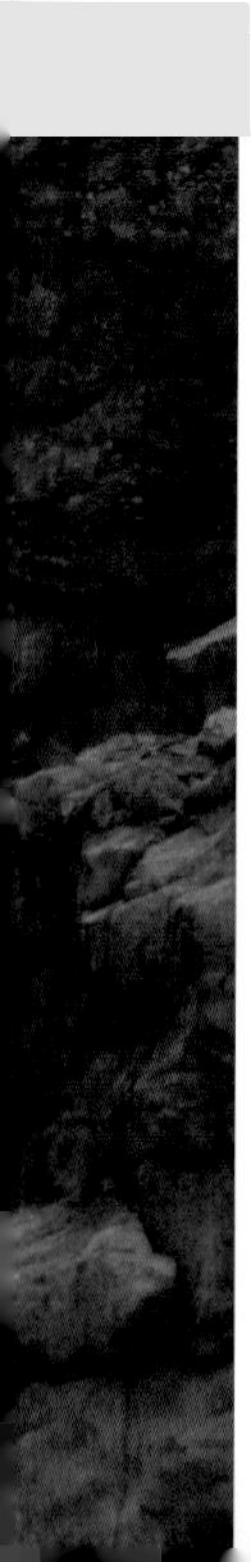

続いて左手にアーカンザス川が見え、その左岸を遡上する形で列車は渓谷に入る。しばらくすると、対岸の岩肌に壊れた管が見えてくる。これは、樽と同じ構造をした二〇〜三〇枚のレッドウッド板をタガで円筒形に組んだパイプで、水道管として使われていた。一九〇八年に囚人により組み立てられたもので、張り出した岩盤を掘削して配置した箇所も多くある。また途中、アーカンザス川を下るラフティングに遭遇することもある。さらに渓谷を進むと、遥か二九〇メートル上空に渓谷を跨ぐロイヤルゴージ・ブリッジが見える。そのとき谷底を走る列車は、特徴あるA形フレームで吊られた「ハンギング・ブリッジ」を渡っている。鋼鉄の部材が両岸から突き出して、Aの頂点で組み合わさっており、そこから吊るされたワイヤーが線路の乗る床版を支えている。なぜ、断崖絶壁の渓谷にこのような吊構造の橋を造ることになったのだろうか。

ロイヤルゴージ・ルート鉄道の建設と運行の歴史

アメリカでは、一八六九年に最初の大陸横断鉄道が開通している。当時は鉄道の時代で、新規路線を建設する

ハンギング・ブリッジを通過する列車

ことが莫大な富を生んでいた。キャノンシティ近郊では、デンバーの西約一六〇キロメートルにあるアーカンザス川源流付近のレッドビルで一八七九年に銀が発見され、一段と鉄道建設の機運が高まっていた。

　ロイヤルゴージを通る路線は、一八七一年にデンバー&リオグランデ鉄道会社（D&RG）が最初に測量など建設に取りかかったが、すぐ後にアッチソン・トピカ&サンタフェ鉄道会社（AT&SF）にも建設許可が与えられたため、数年にわたって多くの騒動が続いた。後に〝ロイヤルゴージ鉄道戦争〟と呼ばれたほどである。

　実際の敷設工事は、規模の大きいAT&SFがキャノンシティより西側を先行していた。敷設権を巡る競争の末、D&RGが建設を続けることになり、AT&SFに多額の軌道使用料を払い、一八八〇年にサライダを経由してレッドビルまで鉄路を開通させた。

　現在のロイヤルゴージ・ルート鉄道の発着駅の片側の建物跡地には「Santa・Fe」と書かれた看板があり、かつてこの位置にAT&SFが使っていた駅舎があったことを示す。また、向かい側にはD&RGの駅舎があったとのことで、複雑な建設・運行体制の名残がこの看板に残さている。その後、D&RGは便利な別ルートが完成したことや鉄道価値の低下により、一九六七年には旅客輸送を廃止。一九九六年には、ユニオン・パシフィック鉄道会社（UP）と合併し、社名がなくなるとともに貨物輸送も廃止した。

　一方のAT&SF社は、ロイヤルゴージ・ルート鉄道からは手を引いたものの鉄道会社としては健在で、合併してバーリントン・ノーザン・サンタフェ鉄道会社（BNSF）として、アメリカでも主要な鉄道会社の一つとなっている。デンバーからキャノンシティに来る道す

客車内

貨物列車とすれ違う

ロイヤルゴージ渓流に沿って走る

がら、ＢＮＳＦの長大編成の貨物列車を見ることができる。
　一九九八年になると、現在ロイヤルゴージ・エクスプレスを構成しているキャノンシティ&ロイヤルゴージ鉄道会社とロック・アンド・レール社が、マイルポスト一六〇（キャノンシティ）から一七二（パークデール）までの約二〇キロメートルをＵＰから購入し、前者が旅客輸送、後者が採石などの貨物輸送を再開した。マイルポスト一六〇～一七二のロイヤルゴージ区間を含めた全線の貨物運行を担うＵＰが、他の二社の運行管理も併せて行っている。

1872-1881 コロラド州南東部の鉄道路線
（出典：『Rails Thru The Gorge　A Mile By Mile Guide For The Royal Gorge Route』）

　ロイヤルゴージ・ルート鉄道を利用した観光列車の運行は、四～一〇月が中心で一日四往復あるが、これ以外の時期は週末やイベントなどに限られる。客車一七両編成の列車は、夏場がＧＰ40、他がロゴマークにもなっているオレンジ色のＦ７Ａ-Ｂというトラクション（車輪とレールの粘着摩擦で、駆動力を伝えること）が異なる二種類の機関車が牽引している。ロイヤルゴージ区間の勾配は平均二～三パーミル、最大二〇パーミルで、日本の鉄道と同程度であり、山岳鉄道としては緩勾配である。

難関となる厳しい地形

　デンバーは、標高三〇〇〇メートルを超える山々が連なるロッキー山脈の東側約一〇〇キロメートルに位置している。ロイヤルゴージ区間はこの山脈を登るために大きく迂回したルートで、初期には大陸横断鉄道としての役割があった。もっともロイヤルゴージ・ルート鉄道開通から四三年後の一九二三年、デンバーから北西に八〇キロメートルほどのところに、当時のアメリカ大陸最長となる約一〇キロメートルのモファットトンネルが完成すると、大陸横断鉄道は距離が短く、便利なルートが中心となった。現在、シカゴとサンフランシスコを結ぶアムトラックの長距離列車カリフォルニアゼファーは、このトンネルを通過するルートとなっている。

　ロッキー山脈最高峰のエルバート山（標高四四〇一メートル）の北西約二〇キロメートルにある鉱山町レッドビルは標高約三一〇〇メートル、キャノンシティは標高約一六三〇メートル、パークデールは標高約一七五〇メートル、そしてロイヤルゴージの崖の上にあるロイヤルゴージ・ブリッジは標高約一九六〇メートルである。建設当初は、この高低差を克服し、鉱物を内陸から西へと運ぶ輸送路が求められたのである。

特殊な構造のハンギング・ブリッジ

ハンギング・ブリッジは、マイルポスト一六六・二三から始まる橋長五三・四メートルの鋼製桁橋で、一八七九年五月から八月にかけて四か月で建設され、工事費は当時の金額で約一万二〇〇〇ドルであった。この橋の建設時の課題は、幅約一〇メートルの峡谷に高さ約三〇〇メートルもの花崗岩の壁が存在することであった。AT&SFが設計を依頼したのは、アメリカ土木学会（ASCE）会員の土木技師シー・シェラー・スミスである。

　一八三六年ピッツバーグ生まれのスミスは、数社の鉄道会社で研鑽を積み、トラスの研究論文を発表して有名になり、一八六六年には友人と主に鋼鉄道橋を設計する会社を立ち上げている。アメリカでも著名な土木技術者であり、いくつかの鋼鉄道トラス橋を設計し、一八八六年に永眠した。実は、小樽港外洋防波堤の築造で知られる近代日本を代表する土木技術者の廣井勇は、一八八三年から三年間のアメリカ自費留学中、晩年のスミスの設計事務所で仕事をしている。日米の著名な土木技術者の

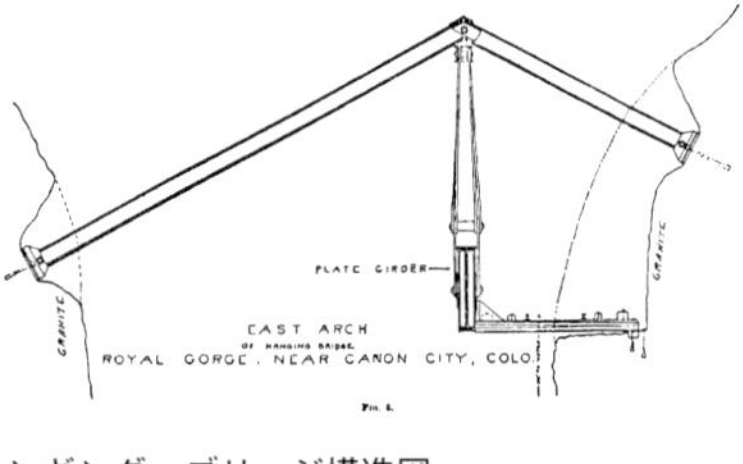

ハンギング・ブリッジ構造図
（出典：『Rails Thru The Gorge A Mile By Mile Guide For The Royal Gorge Route』）

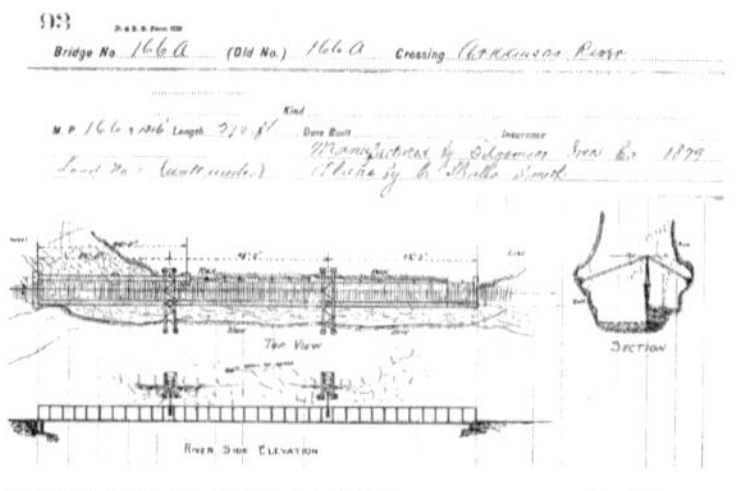

ハンギング・ブリッジ一般図
（出典：『Rails Thru The Gorge A Mile By Mile Guide For The Royal Gorge Route』）

接点が、こんなところにあったとは驚きだ。

　ハンギング・ブリッジの建設に際し、最初に行った測量では架橋地点にアプローチするため、渓谷上部からロープで吊り下がらなければ調査できない状況だった。橋梁の計画は、中間支点を設けなければ成立しない構造となるため、三径間二主桁橋とした。急流で橋脚設置が困難な川側の橋桁は、橋脚位置にA形の鋼製フレームからワイヤーで桁を吊る構造とし、岩壁側の橋桁の橋脚位置は岩を削って造成し、小規模な橋脚を建てる構造とした。二つの主桁は、現在も建設当時のものを利用している。

　この鋼製橋梁が施工されるまでは、木製の仮橋が設置されており、当時の鉄道建設が短期間で行われていることを考慮すると、目的地へ早期に到達するため、先の工区へ資機材運搬を目論んでいたのかもしれない。

　最初は三フィートの狭軌（九一四ミリメートル）であったが、標準軌（一四三五ミリメートル）への変更などによる荷重増加のため、岩盤と主桁の間にコンクリートを流し込んで支点を増やす補強をした。変更工事中はレールが三本あったが、一九二〇年に狭軌のレール一本が撤去された。また、一九八〇年代には二重積コンテナなどの背の高い車両を通すため、A形フレームが約六〇センチメートル高い位置に改良されている。現在、A形フレームは荷重の一〇パーセントしか負担していない。

　現在の鉄道の維持管理は、観光列車が休止している一～二月の冬期に一二人のスタッフで行われる。冬期のアーカンザス川は、水面に六〇センチメートル程度の氷が張るほど寒く、凍結・融解により岩が剥離して発生する落石が多い。爆破処理が必要なほど大きな岩が河川に落ちてしまった場合は、

狭軌にレールを1本追加して標準軌でも使えるようにしてある
（出典：『Rails Thru The Gorge　A Mile By Mile Guide For The Royal Gorge Route』）

支承部と吊り部

陸軍工兵隊が対応してくれる。なお、上流に四か所の貯水湖があるため、渓谷という特殊な条件でありながら、一九二一年以降の洪水被害は記録に残っていない。

ロイヤルゴージ・ブリッジ

ロイヤルゴージ・ルート鉄道とアーカンザス川の上空を跨ぐロイヤルゴージ・ブリッジは、一九二九年に完成した吊橋である。二〇〇一年までは水面から床板までの高さが世界一で、高さ二九一メートル、中央径間二六八メートル、橋長三八七メートル、幅員五・五メートルである。建設費は三五万ドル、現在の金額で約二〇〇〇万ドルを超えるほどであった。橋を含めたこの地域は、市営の公園となっている。

橋の欄干には、バンジージャンプをした数名の名前とともに「釣り禁止」の看板があり、アメリカ人のユーモアの一端を垣間見ることができる。厚板を使った

渓谷の上空に架かるロイヤルゴージ・ブリッジ

ロイヤルゴージ・ブリッジから望むハンギング・ブリッジと谷底の駅

車も通るロイヤルゴージ・ブリッジ

木製床版で自動車も通ることができ、その床板の隙間からは二九一メートル下の谷底が見える。

この公園では、二〇一三年六月一一日に火災が発生し、四日後に鎮火した。この火事で敷地面積の九〇パーセントと、五二のうち四八の建物が焼失した。橋本体の被害は、南（右岸）側の床板約一〇〇枚が焦げるなど比較的軽微であり、床板やメインケーブルの一部が交換された。

橋の北（左岸）側から崖下の川沿いにあるハンギング・ブリッジまでは、かつて急勾配のインクラインによって、公園から谷底にある駅にアクセスできていた。しかし、インクラインが改良工事中のアクシデントで壊れ、現在、再開は不可能となっている。このため、ぜひ、列車に乗って楽しんでほしい。車窓からの絶景は、設計・建設当時の熱気、悪条件を乗り越えた技術者たちの創意工夫の見せる景色でもある。

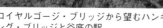

日本の類似土木施設　わたらせ渓谷鐵道わたらせ渓谷線

類似点　渓谷美を堪能できる鉄道

概　要　栃木県上都賀郡にある足尾銅山の銅を搬出できるように、一九一二（大正元）年に群馬県桐生までが足尾鉄道として開通した。一九一八（大正七）年、国が買い上げて鉄道院（後の国鉄）の足尾線となった。そして、一九七三（昭和四八）年の足尾銅山閉山で、輸送量が大きく減少したため廃止されることになった。しかし、沿線市民の存続活動によりJR足尾線として残り、現在は第三セクターである「わたらせ渓谷鐵道株式会社」が引き継いでいる。営業区間は桐生から間藤までの一七駅、四四・一キロメートル。観光列車「トロッコわたらせ渓谷号」の運転は観光客に人気を博している。

所在地　群馬県桐生市～栃木県日光市

（提供：ググっとぐんま写真館）

（提供：ググっとぐんま写真館）

◆現地を訪れるなら◆

起終点となるサンタフェ駅舎内の切符売り場には、グッズなどを売るコーナーが併設されている。写真集や模型、スタッフが着ているオリジナルTシャツなどがある。出発前は、お土産を買い求める観光客で店内は大混雑するので要注意。往復約二時間の渓谷美の旅の昼食は「バカでかいバイソンのハンバーガーとチップス」。乗車後の検札時に注文すると、後で席まで届けてくれる。

Engineering's Heritage

［アメリカ アリゾナ州・ネバダ州］フーバーダム
アメリカを象徴するダム

砂漠の中の巨大なダム

砂漠の中にひときわ輝く、世界有数のエンターテイメントの街、ラスベガス。そのきらびやかな街の中心部から車で東南に向かうと、すぐに周りの景色は一変して荒涼な砂漠地帯となる。ボルダーシティという小さな町を通り過ぎると左手にアメリカで最大の人造湖、ミード湖が見える。この大きな湖の水を一手に受け止めるダムが、アメリカで最も有名なダムの一つであるフーバーダムである。

フーバーダムは、アリゾナ州とネバダ州の州境に位置し、コロラド川のブラックキャニオンと呼ばれる峡谷に造られた多目的ダムである。一九三一年に着工し、三六年に完成した、堤高二二一・三メートル、堤頂長三七九・二メートルの重力式アーチダムである。ダム湖の水は、灌漑用水や水道水として利用されるほか、両岸のダム直下には発電所があり、計一七基の発電機で二〇八〇メガワットの電力をアリゾナ州、カリフォルニア州、ネバダ州に供給している。

US93グレートベイシンハイウェイから望むミード湖

建設当時、世界で最も高いダムだった堤高一三六メートルのフランスのシャボンダムをあっさりと追い抜き、ダム湖であるミード湖は周長八八五キロメートル、最大水深一五一・四メートル、貯水容量は三四八・五億立法メートルを誇るなど、フーバーダムは当時から圧倒的な規模のダムであった。一九六三年に完成した日本で最も高い黒部ダムの堤高が一八六メートルであること、日本

フーバーダム

のダムの総貯水容量が約二〇四億立法メートル（二〇〇四年）、琵琶湖は約二八〇億立法メートルなので、やはりその規模は圧倒的である。

難工事で知られる黒部ダムは、着工から完成まで七年。総貯水容量が日本最大の多目的ダム、徳山ダムでも工事着手から完成まで八年かかっている。フーバーダムは前例のない規模のダムでありながら、わずか五年で完成している。なぜ、フーバーダムはこのような短期間で造ることができたのであろうか。

氾濫するコロラド川

コロラド川は、ロッキー山脈を水源として、アメリカの七つの州とメキシコの二つの州を経由してカリフォルニア湾に注ぐ、全長約二三三〇キロメートルの河川である。フーバーダム建設以前は、雪解けの季節になると氾濫し、夏から秋にかけては渇水する河川であった。

一九〇五年には大規模な洪水が発生し、復旧に二年の歳月と三〇〇万ドル以上を費やした。このように流域で頻発する洪水被害に対して、早急に河川を調整・管理するダムの必要性が叫ばれていた。しかし、ダム建設を進めるには多くの問題を解決する必要があった。その最も重要な問題がコロラド川流域の水の配分である。一九二二年一一月、コロラド川流域のアリゾナ州、カリフォルニア州、コロラド州、ネバダ州、ニューメキシコ州、ユタ州およびワイオミング州の七州の代表と連邦政府は、この問題を解決するための協定「コロラドリバーコンパクト」に署名した。これにより、コロラド川流域の上流と下流に年間推定流量の半分ずつを与えるルールが決定した。そして一九二八年には、ダムの建設を承認するボルダーキャニオン・プロジェクト法が制定され、ダム建設に向けて大きな一歩を踏み出した。

パンフレットの表紙
（出典：『RECLAMATION Managing Water in the West HOOVER DAM』）

ダム建設に向けて

一九二九年三月、共和党のハーバート・フーバーが第三一代大統領に就任。フーバーは、工学的な問題や水と電力の割り当てなどの調整を精力的に行い、ダムの早期建設に大いに尽力した。フーバーの大学時代の専攻が地質学であり、自ら鉱山で働いた技術者であったことも、この事業に力を注いだ一因かもしれない。

しかし、ダム建設にこぎつけるにはまだ問題が残っていた。

前例がない堤高二〇〇メートルを超えるフーバーダムの、安定性に関する問題が指摘された。幾度となく論争が繰り返されたが、イリノイ大学のウエスターガード教

ダム直下の発電所。右がネバダ側、左がアリゾナ側

ネバダ側発電所内部のタービン群

授の『フーバーダムの安全性』という論文により、議論は収束した。また、ダムサイト候補地は当初七〇か所にも上ったが、そこから八か所に絞り込まれ、最終的に地形や地質など、総合的な判断からブラックキャニオンに建設することとなった。設計に関しても、現在のように計算機があるわけではないので、苦心したようである。約三〇ケースものダム形状が検討され、ゴムとプラスチックの模型を製作して理論のチェックが行われた。

一九二九年一〇月には、ニューヨーク証券取引所で株価が大暴落したことを発端に、世界恐慌が発生した。当然、フーバーダムの建設にも影響を与えた。建設財源の確保が問題となったが、五〇〇〇万ドルの建設国債を発行して財源を確保することになった。

このように多くの問題を解決して、一九三一年にダムの建設が始まった。

さまざまな叡智が込められたダム建設

一九三一年三月四日、内務省開拓局は、ダムと発電所建設の入札を実施した。その結果、四八八九万九九九五ドルで落札したのは、建設会社や設計会社等の六社により設立された、その名もシックスカンパニーズであった。当時、前例のない巨大ダムの建設で、どの建設会社でも経験がなかったための判断であろう。これは現在で言う、ジョイントベンチャーの先駆けである。

ダム本体の建設に着手するためには、まず、コロラド川の流れを迂回・転流させる必要があった。一九三一年六月、ダムサイトの両側の岩壁に二つずつ、計四つのトンネルを掘り進めた。ダイナマイト装填用の孔を同時に削孔できるように、トラックの後ろにドリルを複数搭載したドリルリグ「ジャンボ」を作製したり、土砂排出にベルトコンベアを用いるなど効率化を図って掘削され、一九三三年一一月に完成した。このトンネルは、ダム完成後も放水路として機能している。

トンネル施工のドリルリグ「ジャンボ」
(出典：『RECLAMATION Managing Water in the West HOOVER DAM』)

また、ダムサイトとなる峡谷には、表面が浸食により緩くなった岩盤が存在していた。ダム本体を建設する前に、これらを取り除く必要があった。この仕事に携わる

岩盤斜面の岩落とし「ハイスケーラーズ」
（出典：『RECLAMATION Managing Water in the West HOOVER DAM』）

ブロック工法で施工中のフーバーダム
（出典：『RECLAMATION Managing Water in the West HOOVER DAM』）

作業員は「ハイスケーラーズ」と呼ばれた。彼らはロープで岩壁を下り、ジャックハンマードリルとダイナマイトを使って緩くなった岩盤を落としていく。これは、このダム建設で最も危険な作業であった。彼らは落石対策として、布の帽子をコールタールでコーティングした即席のヘルメット「ハードボイルドハット」で、身を守っていた。この効果を実感したシックスカンパニーズは、ヘルメットを作り、全作業員に着用させた。

　ダム建設では、いくつかの新技術も開発されている。コンクリートの発熱によるひび割れを防ぐため、発熱量が少ない中庸熱コンクリートが開発された。また、縦横約一五メートル、高さ一・五メートルのブロックごとに分割してコンクリートを打設するとともに、これらのコンクリートブロックにパイプを通して冷却水を循環させることでコンクリートの発熱を抑える工法が採用された。さらにコンクリート製造から締固めまでに大規模な機械化施工も初めて導入された。

　フーバーダム建設は、世界恐慌による失業者対策や景気回復を目論んだ公共事業という側面もあった。最も多い時で五二一八人の労働者が雇用され、彼らに支払う月給総額は七五万ドルにも上った。事故による犠牲者も多く、九六人とも一一二人とも言われている。

　ジョイントベンチャーを設立し、数多くの新技術を開発し、さらに大量雇用による人海戦術を用いるなど、さまざまな技術や手法を駆使して造られたフーバーダムは、なんと当初予定より二年も早く完成を迎えた。一九三五年九月三〇日、第三二代大統領フランクリン・D・ルーズベルトにより、ダムの完成式典が執り行われた。発電所は、その翌年に完成した。

ダム名をめぐるエピソード

完成式典において、フーバー政権下の前内務省長官とルーズベルト政権下の内務省長官が、ダムの名称について牽制しあっていたという。フーバーダム建設に尽力したフーバーは共和党選出、ダム完成式典で演説したルーズベルトは民主党選出の大統領だったため、ダムの名称について互いに一歩も引けない状況だったのだろう。しばらくはボルダーダムという名称を使用していたが、完成から一一年後の一九四七年、共和党第八〇回大会においてようやく正式名称がフーバーダムと認められることになった。

ただし、ボルダーダムという名称が長く続いたため、いたるところにその名が残ってしまったようである。現在でも「ボルダーダム」と書かれているものを「フーバーダム」に修正する作業がたびたびあるという。

ダム下流に架かる通称コロラドリバー橋

貯水率が下がったミード湖と取水塔

変わらないダムと変化していく運用

フーバーダムおよびミード湖は人気の観光スポットで、年間約九〇〇万人の観光客が訪れている。ダム内部や発電所の観光ツアーも人気で、ダム天端の道路にも人や車があふれている。そして、アメリカ同時多発テロ等の影響により、セキュリティも非常に厳しく管理されている。

フーバーダムのすぐ下流には、二〇一〇年に完成した「マイク・オキャラハン・パット・ティルマン記念橋」が架かっている。正式名称が長すぎるため、現地の人はコロラドリバー橋と呼んでいる。この橋の建設には、大林組も関わっている。

フーバーダムは、現在も内務省開拓局のコロラド川下流事務所で八人のオペレータにより管理されている。コロラド川下流域の情報はすべてこの事務所に集まり、データベース化して一時間に一回更新され、各方面への指示や情報発信を行っている。特に配水管理は非常に厳しく気を遣っており、下流の水の使用量から水の蒸発量まで計算に入れて配水量を決定しているという。

二〇〇〇年頃からミード湖の水位が下がりはじめ、二〇一四年には貯水率が約五〇パーセントになった。これを元の貯水量に、今後二八年かけて戻す計画が進められている。自然環境、水や電気の需要などが刻一刻と変化する状況下で、建設当時とまったく変わらずに維持管理をするのは非常に困難である。フーバーダムは、建設当時からその存在感は変わらずに佇み続けているが、運用は時勢の変化に柔軟に対応して、技術者の叡智と最新技術を用いて着実に遂行されている。

フーバーダム前面

観光客で賑わうダム天端

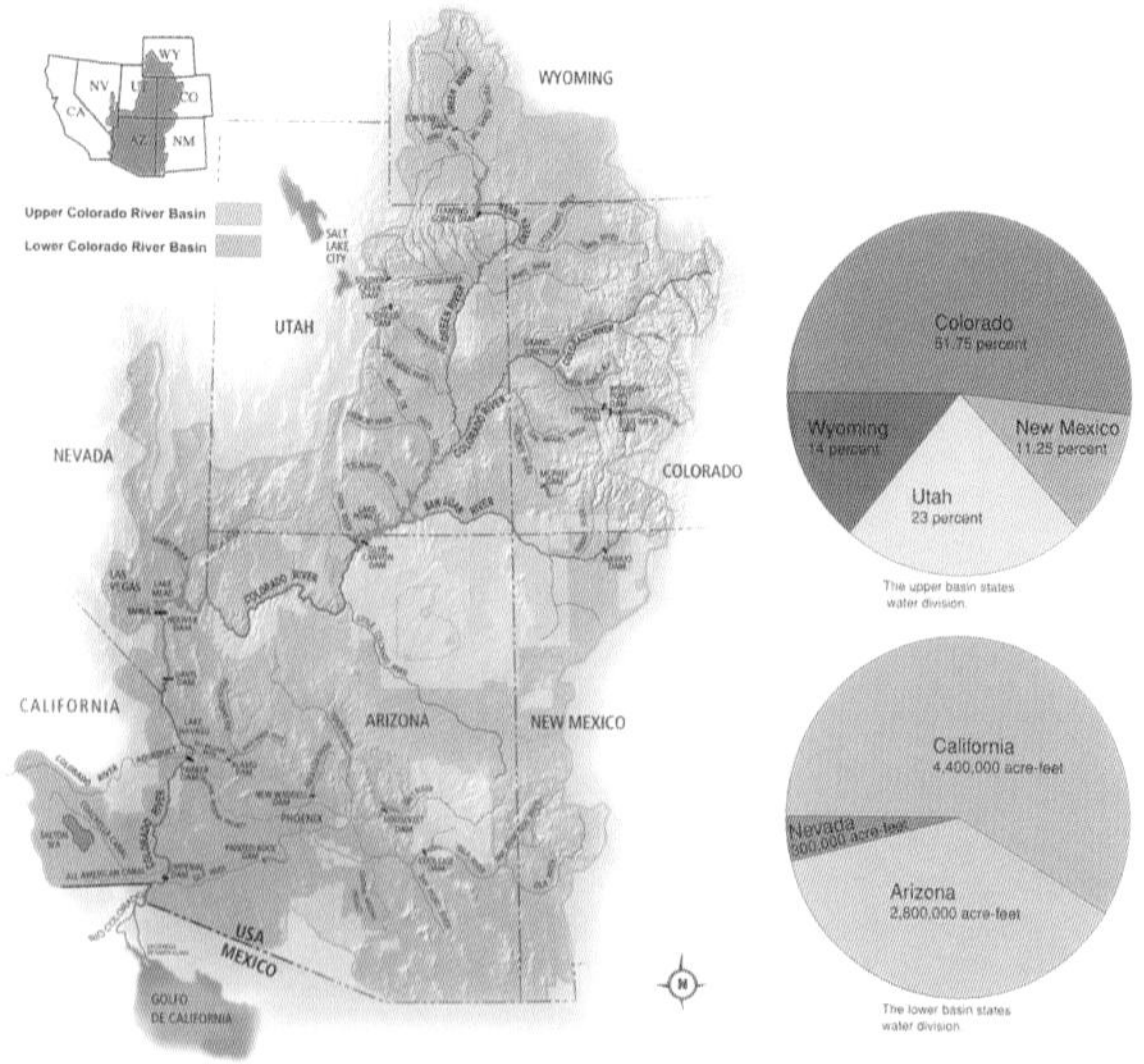

コロラド川下流域の配水状況
（出典：『RECLAMATION Managing Water in the West HOOVER DAM』）

日本の類似土木施設　黒部ダム

類似点　日本を代表する大規模なダム

概　要　黒部川は平均河川勾配が四〇分の一という急峻で、水力発電に理想的な河川であった。しかし自然条件が厳しく、永らく人跡未踏の秘境とされていたが、一九二七（昭和二）年に最初の発電所が完成して以来、下流から水力開発が進んでいった。世紀の難工事と言われた黒部ダムは、一九六三（昭和三八）年に完成した。ドーム型アーチダムは高さ一八六メートル、堤長四九二メートル、総貯水量二億立方メートル。「立山黒部アルペンルート」はダム建設のための資材搬入路で、完成後に一般開放したものだ。映画『黒部の太陽』でも有名である。

所在地　富山県立山町

◆現地を訪れるなら◆

フーバーダムの最寄りの街は、TVドラマ「CSI：科学捜査班」でもお馴染みのラスベガスだ。ホテルのカジノでは、「撮影禁止！」「走るな！」「常にID携帯！」の一つでも守らないと、すぐに警備員が飛んでくるらしい。そこでお勧めなのが、ラスベガス空港にあるスロットマシーン。走っても、写真を撮っても咎められない。最後のチャンスで一攫千金を狙うのもよいが、ご利用は計画的に。

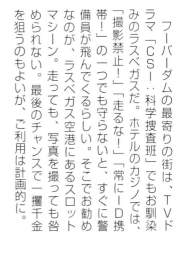

Engineering's Heritage

［アメリカ サンフランシスコ］ケーブルカー 坂の街のシンボル

道路の真ん中を堂々と走るケーブルカー

時速約一五キロメートルで、カラフルに彩られた一両編成の車両が、多くの客を乗せてサンフランシスコの街を堂々と走っている。決して乗り心地がいいとは言えない木造車両の乗客は、沿道から手を振ると必ずと言っていいほど笑顔で振り返してくれる。古い車両のまま走り続けているサンフランシスコのケーブルカーだ。

サンフランシスコと言えば、映画のカーチェイス場面などで見られるように起伏に富んだ坂の街を連想するが、ケーブルカーが造られた理由は、この坂を見れば一瞬でわかる。

現在サンフランシスコには、ディーゼルバス、トロリーバス、路面電車、Ｂａｒｔ（Bay Area Rapid Transit）等、さまざまな公共交通が整備され、ケーブルカー以外にも市内を移動するための手段はいくつもあり、

坂を下るケーブルカー

ケーブルカーより格段に速く移動できる。また、ケーブルカーの軌道が道路の真ん中にあるため、自動車の通行も制限されている。なぜ、ケーブルカーはいまでも重要な交通手段の一つとなっているのだろうか。

スキーリフトの原理

サンフランシスコの歴史は、一八四九年頃のゴールドラッシュから始まる。前年の砂金発見から、金鉱脈目当ての人々が殺到した。わずか数百人が暮らしていた「集落」は、数年後には数万人が居住する「都市」へと拡大した。

馬車とケーブルカーが混在する開通当初
(出典：『Watermusic in the Track』)

ゴールドラッシュ後、街はいまでは観光名所となっているフィッシャーマンズワーフを中心に交易の港町として発展を遂げた。港から丘を上がる交通手段には馬車が使われていた。一八六九年、サンフランシスコではさほど珍しくもない霧が深く立ち込めていた夏のある日、最も高台に位置するノブヒルの濡れて滑りやすくなっていた丸石舗装の急坂で、重い馬車を引いていた馬がスリップして乗客とともに転落する事故が発生した。乗客は無事だったものの、馬が荷物に押しつぶされ命を落とした。

ワイヤーロープメーカーの技師であったアンドリュー・S・ハリディは、その光景を目の当たりにし、坂の街サンフランシスコで馬車よりも安全な交通システムの研究を始めた。アンドリューの父は、ロンドンでワイヤーロープ製造の特許を持っていた。一八五二年、アンドリューは一六歳になる頃にサンフランシスコにやってきた。父のワイヤーロープを使って、シエラネバダ山脈の鉱山トロッコを建設した後、ノースビーチにワイヤーロープの工場を開いた。鉱山トロッコをヒントに、アンドリューはノブヒルの頂上付近でケーブルカーの実験を繰り返した。そして、環状で循環する鋼線ケーブルを使ったスキーリフトの原理を応用して発明したケーブルカーを、一八七三年九月一日に開通させたのである。

ケーブル埋設部と坂道を利用した車庫入口

現在の4系統のケーブル配置図
（現地資料「Current Rope Diagram」を基に作成：
株式会社大應）

ケーブルカー路線網の発展

ケーブルカーには「つるべ式」と「循環式」の二種類がある。日本で運行されているものは前者だが、サンフランシスコのケーブルカーは後者になる。これは、環状にした鋼線ケーブルを循環させて車両を動かす方式である。

ケーブルカーは、その高い登坂能力からサンフランシスコのあらゆる場所に敷設が可能であり、馬車に代わる交通手段として平坦地の移動にも適していた。現在は電気で動かしているが、開通当初は蒸気機関を使った動力室を一か所に集約できた。車両相互の間隔さえ守れば複数の車両を同時に走行させることができ、ケーブルを掴めば車両は動き、離せば停まり、付随車の連結も可能であった。

こうしたことから、ケーブルカーの路線網は瞬く間に広がり、一八八〇年代以降わずか三〇年あまりで、八つの会社が誕生し、最盛期には六〇〇台の車両が行き交う、サンフランシスコ市街を網の目状に巡る路線網が構築された。その後、路面電車と同等の公共交通機関として、オークランド、ロサンゼルス、カンザスシティ、シカゴ、セントルイス、フィラデルフィア、ニューヨーク、ロンドン、そしてシドニーなどの主要都市に建設された。

廃線危機から保護へ

一九〇六年四月一八日早朝、マグニチュード七・八のサンフランシスコ大地震が起こった。ガス管が破裂し、倒壊した建物に引火して発生した火災は、数日間燃え続けた。建物を焼き尽くし、防火帯を作らなければならなかったほど街中に燃え広がった。ケーブルカーも火災を免れることはできず、大半が焼失した。

地震後、ケーブルカーの復旧は一部に限られ、大半は維持管理費が約半分の電気トロリーバスに取って代わられた。そして一九四七年には、当時の市長が利益率の低いケーブルカーからバスに切り替える計画を発表した。

しかし、市民の間ではケーブルカーの廃止をめぐり賛否が巻き起こった。とりわけ、ケーブルカー廃止反対市民委員会の発足後は、存続を訴える歌が作られたり、ケーブルカー美術展が開催されるなど、七年間続いた活動で、新聞社のデスクには反対署名が山ほど積まれることとなった。

一九五五年に住民投票が行われ、現在も運行している三路線の存続が決定した。「住民の過半数の賛成がなければ廃止することはできない」とした条例が施行され、一九六四年にはアメリカ初の「動く国定歴史記念物」に指定された。

一九八二年、開通して一〇〇年あまり経ったため、施設を強固にし、長期的な維持管理・更新を行っていくため、レールの重量を重くし、鉄筋コンクリートの溝に置き換えるなど大規模な改修工事が施された。二年後に再び動き出した時は、街中が祝賀ムードに包まれた。以来、今日に至るまで開通当時の面影を残したまま運行されている。

すべて赤レンガの建物で管理

現在運行しているケーブルカーは、いずれも通りの名がついた、①カリフォルニア線（約二〇分）、②パウエル―ハイド線（約二五分）、③パウエル―メイソン線（約二五分）の三つである。これらの路線のほぼ真ん中に位置する赤レンガの建物が、ケーブルカー博物館である。ここは博物館としての展示物があるだけではなく、心臓部とも言える、ケーブルを動かす巨大な動力滑車が豪快に音を立てて回っているパワーハウス（動力室）である。近くに運転司令室があり、ケーブルカーの車庫もこの建物内にある。全車両がここから出発し、戻ってくる。ケーブルカーシステムのすべてが、この一か所で運営・維持管理されている。

　車両の走行は実にシンプルであり、車庫から出る時は手で押しながら下り勾配を利用して道に出る。戻ってきた車両も下り勾配を利用して車庫に入る。車庫が斜面に位置している利点を活かしている。

　実は三路線にもかかわらず、道路に張り巡らされたケーブルは、①カリフォルニア線、②パウエル線、③ハイド線、④メイソン線と四本ある。理由は、往時の路線網のケーブル敷設ルートを活用したためである。それらのケーブルは、動力室にある強力なモーターで時速約一五キロメートルで循環されている。

ケーブルを循環させる動力滑車

車庫内では押して動かす

ケーブルの伸び量を調整する移動滑車

　ケーブルの伸びはほとんどが張力によるもので、新品も一週間ほどで約一五メートル伸びる。それに対応するための移動滑車が動力室に設置されている。そして伸びた分だけケーブルをカットして、ケーブルをつなぎ直す。その後三～六か月の使用で、さらに最大約一二メートル伸びる。この時点でケーブルの交換が必要となる。また路線によって異なるが、ケーブルの寿命は最大で一八〇日（カリフォルニア線）で、最短では三〇日（パウエル線）である。パウエル線は、ハイドとメイソンの両方のケーブルカーが通り、最も頻繁に交換が必要で、カリフォルニア線はケーブルカーが一度に六、七両しか走らないため長く持つ。なお、ケーブルは、場合によっては数日で交換しなければならず、何らかの理由でケーブルが切れたり、破損したりした場合、そのケーブルを使っている路線の全車両が停止してしまう。どうにもならなくなった場合、バスが乗客を迎えにいくことになっている。

シンプルな車両の構造

外観は派手に彩られている車両は、仕組み自体はシンプルである。真ん中に運転台があり、両側に座席が配置されている。グリップマン（運転手）が、道路の溝に埋め込まれて動いているケーブルを、グリップで掴むか放すか、それともブレーキを踏むか、ただそれだけで動いている。停留所や停止線で停車したり、スピードをコントロールするのは、グリップマンの技だ。車掌も乗っており、二人で連携してブレーキを調節しながら急坂を下り、カーブを曲がる。朝六時～深夜一時まで概ね一〇分間隔で運行している。

カリフォルニア路線の車両は前後に運転台があるが、パウエル路線は蒸気機関車のように一方にしかなく、運転手や車掌が手で転車台を押して方向転換する。

手動の転車台（パウエル線終点）

運転台のケーブルを掴む装置

乗車してみると

グリップマンが鳴らす陽気なベルで発車。グリップを掴んだ時のグッとした感じが直に体に伝わる。外側に向いている木造のイスは固く、カーブ等で車両から落ちないように背もたれ側に軽く沈んでいる。オープンデッキの開放感、ストップ＆ゴーがそのまま伝わり揺れる車両。反対車線の車両が迫ると、見知らぬ同士が互いに笑顔で手を振り合う。遊園地のアトラクション的な要素がある。

道路は、ケーブルカーと自動車の走行車線が明確に白線で仕切られていて、軌道内はケーブルカー優先だ。交差点には、ケーブルカー専用信号もある。

古い車両が使用される理由

ケーブルカーの車両はすべてが古いものの、丁寧に手入れが施され、鮮やかさは健在だ。

近年、障がい者や健常者問わず、誰もが速やかな移動ができるように、段差や障害のないバリアフリー化が求められている。カリフォルニア州にも高齢者や障がい者に対するバリアフリーの考え方が法律のもとで進められている。

しかし、ケーブルカーはその構造や仕組みから、人によっては乗り降りすることが極めて難しい乗り物である。実際、他の交通機関には義務づけられている車椅子用の座席なども緩和措置がとられている。ただ、今後新たに造る車両にはバリアフリー法の適用が必要となる。古いものの価値を活かしながら、大切に使用されている車両だが、実際にはこの法律に適合した車両を造ることができず、故障しても、いまあるものを修理し使い続けなければならない。

サンフランシスコにとって、ケーブルカーは交通機関の一部であるとともに、貴重な観光収入源である。丘の街の風景に解け込み、不思議な高揚感を味わうことのできるこの乗り物の価値に誇りを持ちながら、ケーブルカーの技術者たちは、いまもグリップを握りつづけている。

観光客に人気のケーブルカー

街のシンボルのケーブルカー

日本の類似土木施設　坂本ケーブル（比叡山鉄道線）

類似点　路面電車のようなケーブルカー

概　要　滋賀県大津市の石積みのある門前町坂本と、世界文化遺産である比叡山延暦寺の表参道として敷設され、一九二七（昭和二）年より営業を開始したケーブルカー。ケーブル坂本駅とケーブル延暦寺駅間は、ケーブルカーとしては日本最長距離となる二〇二五メートルだ。曲線区間もあるルートは高低差四八四メートル、最急勾配三三三・三パーミル、トンネル二か所、橋梁七か所、珍しい途中駅が二か所（ほうらい丘駅、もたて山駅）ある。最新の巻揚げ機への更新や全鋼製車両の導入など、施設の近代化を図るとともに、自然環境に配慮し「架線レス化」も行っている。

所在地　滋賀県大津市

◆現地を訪れるなら◆

サンフランシスコはやはり坂がいい。あまりにも急勾配なことから車を横向きに駐車する坂や、両側の歩道が階段になっている坂がある。「世界一曲がりくねった道」として有名なのがロンバート・ストリートだ。一九二二年、長さ二五〇メートル、二七パーセント勾配の坂は、登りやすくするための八つのカーブと、空きスペースに花を植えた道に改良された。現在、車は下りの一方通行だ。

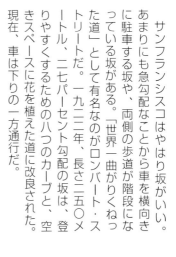

〔アメリカ サンフランシスコ〕 ゴールデンゲート橋 世界的なランドマーク

二〇世紀のモニュメント

数多くの小説や映画の舞台となった、アメリカの西海岸を代表する都市サンフランシスコ。名物のケーブルカーも登場する歌『霧のサンフランシスコ』はミリオンヒットとなり、一九六九年に市歌に制定された。この霧が多く発生するサンフランシスコ湾の出入り口となる海峡に架かるのがゴールデンゲート橋だ。海峡は、太平洋から押し寄せる暴風と猛烈な波浪をまともに受け、潮流が速いことで知られている。

一九三七年に、わずか四年半の工期で完成したこの吊橋の二つの主塔の高さは二二七メートル、主塔間の長さ（中央径間）は一二八〇メートル。橋の全長は一九六六メートル、アプローチの高架橋を含めた総延長は二七三七メートルである。一九六四年にニューヨークのベラザノ・ナローズ橋が完成するまでの二七年間は、世界最長

主塔頂上が霧で覆われた橋

の中央径間を誇る吊橋であった。建設費は、二七〇〇万ドル（現在の金額で約三二〇億円）。日本の瀬戸大橋と姉妹橋関係を結ぶ。二〇〇一年に、アメリカ土木学会は橋の美しさと架橋事業を高く評価し、世界の橋における「二〇世紀のモニュメント」として選定した。

橋は、赤味を帯びたインターナショナル・オレンジに塗られている。潮風に晒され塗装が痛むため、一方の端から始めて反対側まで塗り終わったらまた最初からと、一年中塗り替えをしているという噂があるほどだ。

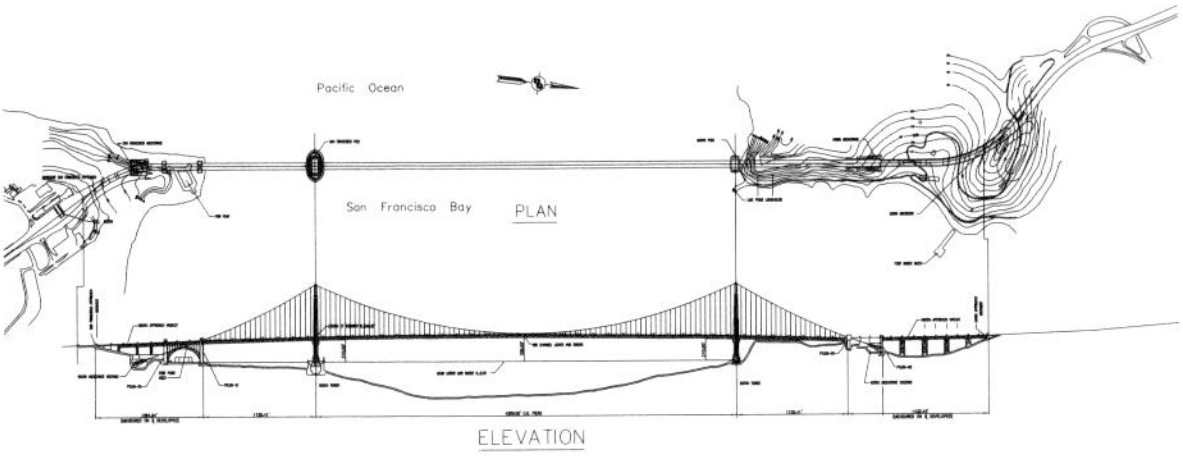

平面及び側面図（提供：Courtesy of the Golden Gate Bridge, Highway and Transportation District）

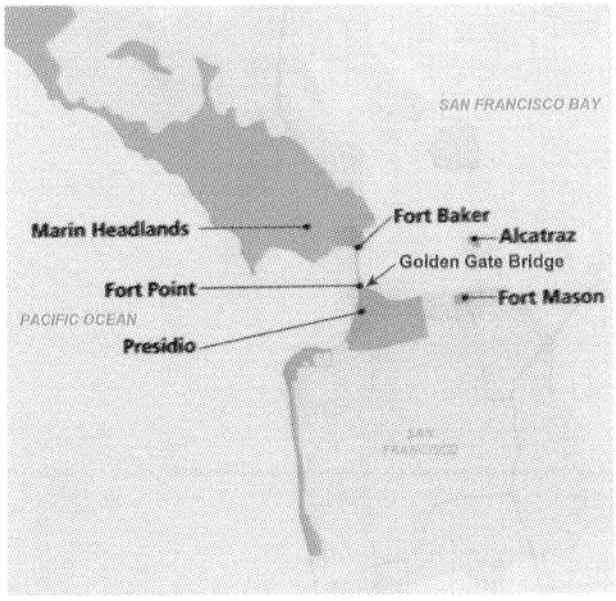

ゴールデンゲート橋の位置図
（現地案内板に加筆）

なぜ、このような過酷な条件にもかかわらず、ここに長大橋を造ったのだろうか。

ゴールデンゲート海峡を跨ぐ橋を

この地には古くからアメリカ先住民が生活していたが、ヨーロッパからの移住者が入植するのは遅かった。彼らは一六世紀中頃から付近の海に来航していたが、サンフランシスコ特有の霧や悪天候で湾の入り口が発見できなかった。

地中海性気候のサンフランシスコの夏季は、太平洋高気圧が北上し、寒流のカリフォルニア海流が沿岸に近づく。一方、カリフォルニアの中央低地は高気温で暖められた空気が上昇して気圧が低くなる。このため、海からの湿った冷たい風が海峡を抜けて内陸に流れ込み、乾燥した暖かい空気と出合って濃霧が発生する。その際には、短時間で気温が一〇度以上も降下する。また、冬季の平均風速は夏季の六割程で霧も少ないが、一一月から一二月にかけては嵐による突風で、年間最大風速を記録する。

スペイン船が、初めてゴールデンゲート海峡を航行して湾に入ったのは一七七五年。そして、聖フランシスコの名のもと伝道所を設立して、サンフランシスコと命名した。ゴールデンゲート海峡の名は、一八四六年にアメリカ陸軍大尉だったジョン・フレモントがイスタンブールの金角湾と似た地形から名づけた。

一八四八年には五〇〇〇人未満だったサンフランシスコの人口は、翌年にゴールドラッシュの影響で一〇倍に増加した。一九〇〇年代初頭には、湾周辺地域の人口は一〇〇万人を突破した。カリフォルニアの南北を結ぶ大動脈である国道一〇一号線は、より効率的な幹線道路としてゴールデンゲート海峡を跨ぐことが求められていた。

土木技師でもあった新聞記者ジェームズ・ウィルキンスは、一九一六年八月二六日の新聞紙上でゴールデンゲート架橋キャンペーンを始めた。彼は、海峡の北にあるマリン郡の自宅からサンフランシスコ市内の事務所にフェリーで通っており、その不便さを痛感していたのである。

この記事に、市の技監オションアシィが関心を示し、一九一七年、ジョセフ・シュトラウスとの雑談で話題にした。このジョセフこそが、以後二〇年にわたる架橋の立役者となるのである。それまでに長大橋を造った経験はなかったが、橋の企画や建設促進に奔走し、架橋のチーフ・エンジニアとして活躍したのだ。

橋造り一筋の技術者

ジョセフ・シュトラウスは一八七〇年一月、オハイオ州シンシナティで四人兄弟姉妹の末っ子として生まれた。父は画家、母は音楽家でドイツからの移民だった。自宅から望めるシンシナティ橋は、「吊橋の父」と称され、ブルックリン橋測量中の事故で亡くなったジョン・ローブリングが一八六七年に完成させた吊橋である。ブルックリン橋完成までの一六年間、世界最長の中央径間の橋であった。街の誇りとして、彼の像が橋詰に建つ。中学校時代にローブリング一家について教わったジョセフは、シンシナティ大学シビル・エンジニアリング学科時代には、一〇〇キロメートルもあるベーリング海峡への架橋を研究するほどの物好きであった。卒業した一八九二年から橋梁技術者として数社を経て、三二歳で跳ね橋の釣り合いを取るための重り（カウンター・ウェイト）にコンクリート塊を使った、効率的で安価な跳ね橋の構造を考えて特許を取り、会社を設立した。そして四〇〇以上の跳ね橋を建設して、富と名声を手にした。その一つが

ミッション運河に架かる三番街跳ね橋

サンフランシスコ・ミッション運河に架かる三番街跳ね橋だ。ジャイアンツの球場の横にあり、一九三三年に完成した橋はいまも現役である。

進化する架橋計画

ゴールデンゲート海峡は水深約九〇メートル、幅約一・六キロメートルで太平洋の荒波が浸入し、潮流は毎秒三～四メートルにも及ぶ。そのため、両岸近くの水深が浅いところに橋脚を設置することになり、中央径間が一キロメートルを超す長大橋となった。

ジョセフは、一九二一年六月に建設費の見積額が一七〇〇万ドル（現在の約二〇〇億円）のカンチレバー形式の吊橋案を提出した。建設資金はＰＦＩとも言える、サンフランシスコをはじめとする地元の六つの郡の住民が保証した債権で賄われることとなった。一方、架橋地は連邦軍事局の管轄区域であった。軍事局は、船の航行や軍の兵站に影響を及ぼす可能性のある構造物について、建設の許認可権を持っていた。検討の結果、橋中央の水深が約九〇メートルあり、敵の攻撃で橋のどの部分が破壊されても軍艦の航行に支障はないと判断され、建設計画は一九二四年一二月に承認された。

一九二八年一二月、橋の建設と運営を担う機構であるゴールデンゲート・ブリッジ＆ハイウェイ・ディストリクトが設立され、翌年八月にはジョセフがチーフ・エンジニアに就任した。そして、技術が格段に向上した吊橋の設計理論に基づき、レオン・モイセイエフとオスマー・アンマンがジョセフと協議を重ね、一九三〇年二月には、ゴールデンゲート橋を中央径間一二八〇メートルの現在の吊橋形式へと変更した。

モイセイエフはアメリカに移住してきたラトビア人で、一八九五年にコロンビア大学土木工学科を卒業後、一九四〇年一一月、風によるねじれ振動で崩壊することになるタコマ・ナローズ橋を設計した。スイス連邦工科大学土木工学科を一九〇二年に卒業したアンマンは二年後に渡米し、四五歳でニューヨーク市港湾公社の橋梁部長、一九二七年にはジョージ・ワシントン橋のチーフ・エンジニアを務めた。

軽快感のある両主塔のデザインは、イルビン・マロー

架設中の橋（提供：Courtesy of the Golden Gate Bridge, Highway and Transportation District）

トラス構造の橋桁

アール・デコ調の主塔

によるもので、直線的な幾何学デザインが特徴的なアール・デコ調となっている。また、高くなるにつれて部材を細く水平梁を短くすることで、「あたかも天に昇るイメージ」を演出した。

架設

ゴールデンゲート橋の建設は、大恐慌の最中の一九三三年に始まった。建設にあたったのは、高度な専門職以外は地元の建設作業員たちだ。彼らは土木技術史上最高の橋を造っているという思いによって、やる気を奮い立たせていた。技術者たちは橋の五六分の一モデルで実証を行い、主塔等の構造計算が間違っていないかを確認した。

直径九二センチメートル、長さ二三〇〇メートルのメインケーブルは、ジョン・ローブリングが開発したケーブル架設工法を採用した。一九八五年公開の英国映画『007美しき獲物たち』の主塔近くの急傾斜なケーブル上での格闘シーンでは、メインケーブルの太さが実感できる。

計画段階で懸念されていた二三〇メートル沖合に建設する南主塔の地質については、載荷試験の結果から十分な強度がある蛇紋岩と判明した。

建設作業は、当時としては先進的なほど安全第一とされ、作業員に対してもヘルメット、風除けゴーグル、ヘッドランプ等の装備が使われた。リベット打ちの際に、気化した鉛を含んだ塗装を吸気して鉛中毒になるのを防ぐため、防毒マスクも着用した。さらに、トラス構造の橋桁架設時には全長に渡り安全ネットを張った。初めての試みで経費がかかったが、結果的に一九名の命を救った。しかし、安全ネット取り外し時の事故で一〇名が命を落とした。

維持管理

この橋は風に強い。風のために通

マリン郡から望む6車線の橋

自転車は西側、歩行者は東側のサイドウォークを利用

行止めになったのは過去四回しかない。タコマ・ナローズ橋の崩落の教訓を受け、一九五四年にねじれ振動を抑える筋交いを橋桁に追加し、現在は毎秒五〇メートルの風速にも耐えられる構造となっている。

橋の検査は、二〇〇五年版の連邦政府基準に基づき、水中部では五年ごと、それ以外の部分では二年ごとに行われている。また潮流が速いため、両主塔部は河川基礎と同じように洗掘防止などの対応をしている。

なお、橋の開通以来、一度に橋全体を塗り直したことはない。基準に基づいた検査結果を踏まえ、どの部分が塗り替えが必要か、どの部分に修理が必要かを判断し、その方針に従って計画的に維持管理を実施している。冒頭の塗装に関する噂はまったくの誤解だ。

橋は、南のサンフランシスコから北のマリン郡へ抜ける唯一の道で、六車線の道路と両側に歩道を持つ。上下線の交通量に応じて中央分離帯を移動させることで、混雑緩和を図っている。二〇一五年、それまで黄色いコーンをトラックから人力で置いていた中央分離帯の移動作業を、チャックのようにS字ガイドがある専用車を走らせて移動させる方式に変更した。併せて、中央分離帯自体も強度的に強いコンクリートの連結バリアに変更された。

また、二〇二一年には自殺防止ネットの設置が完了する予定だ。この告知だけでも自殺を未然に防ぐ効果がある。さまざまな工夫を続ける維持管理スタッフもまた、この橋を守ることに大きな誇りを持っている。

夢の実現

二〇世紀初頭、長大橋の設計や架設のための土木技術は飛躍的に進歩し、それまで不可能であったゴールデンゲート海峡を跨ぐ長大橋も実現可能となった。フェリー運航会社や環境保全活動家、および一部の技術者からの反対や、大恐慌の中での資金繰り、海峡をつなぐ技術的な課題を乗り越え、北カリフォルニアの六つの郡の住民は、ゴールデンゲート橋の建設に出資するための法案に賛成した。この海峡に橋を架けることは、ジョセフ・シュトラウスの夢でもあった。彼は、数々の障害を克服して周辺住民らの支持を得て、土木建築技術者、地理学者、建設作業員からなる優れたチームを結成した。そして、「不可能な橋」の設計と建設のリーダーとして、サンフランシスコを団結させたのである。

橋が完成した一九三七年の五月二七日から六月二日まで、開通記念祭が催された。一年後の五月一六日、家族に看取られてジョセフは六八歳の生涯を閉じた。南側の橋詰には、彼の像と記念碑が建っている。

屋外展示されているメインケーブル

ジョセフ・シュトラウスの像

日本の類似土木施設　若戸大橋

類似点　同形式の橋で湾口のランドマーク

概　要　吊橋部が六二七メートル、中央径間三六七メートル、海面から桁下まで四〇メートル、日本初の長大吊橋となる若戸大橋。一九三〇（昭和五）年に起きた若戸渡船転覆事故をきっかけとして、連絡トンネル整備を行う計画が進んでいたが、日中戦争や太平洋戦争で中止となった。戦後、地元関係者の努力により、橋梁として一九五八（昭和三三）年に着工し、一九六二（昭和三七）年に完成した。旧若松市と旧戸畑市がつながり、数か月後には北九州市が誕生した。若戸大橋の技術は、後の長大橋の建設に活かされた。

所在地　福岡県北九州市

◆現地を訪れるなら◆

野球好きには、シュトラウスが設計したミッション運河に架かる三番街跳ね橋の横にあるサンフランシスコ・ジャイアンツのホームスタジアムはどうだろう。現在の球場名はオラクル・パーク、以前はAT&Tパークと呼ばれていた。打者不利な球場と言われる中、イチローがオールスター史上初のランニングホームランを、バリー・ボンズが歴代単独一位となる七五六号本塁打を放っている。

Part 2 ラテンアメリカ編

グアナファト
メキシコ グアナファト

パナマ運河
パナマ パナマシティ／コロン

リマ
ペルー リマ

カパック・ニャン
ペルー クスコ／マチュピチュ

ボンジーニョ
ブラジル リオデジャネイロ

カリオカ水道橋
ブラジル リオデジャネイロ

ブラジルの思い出

小野リサ　ONO Risa

Message
メッセージ

Part 2

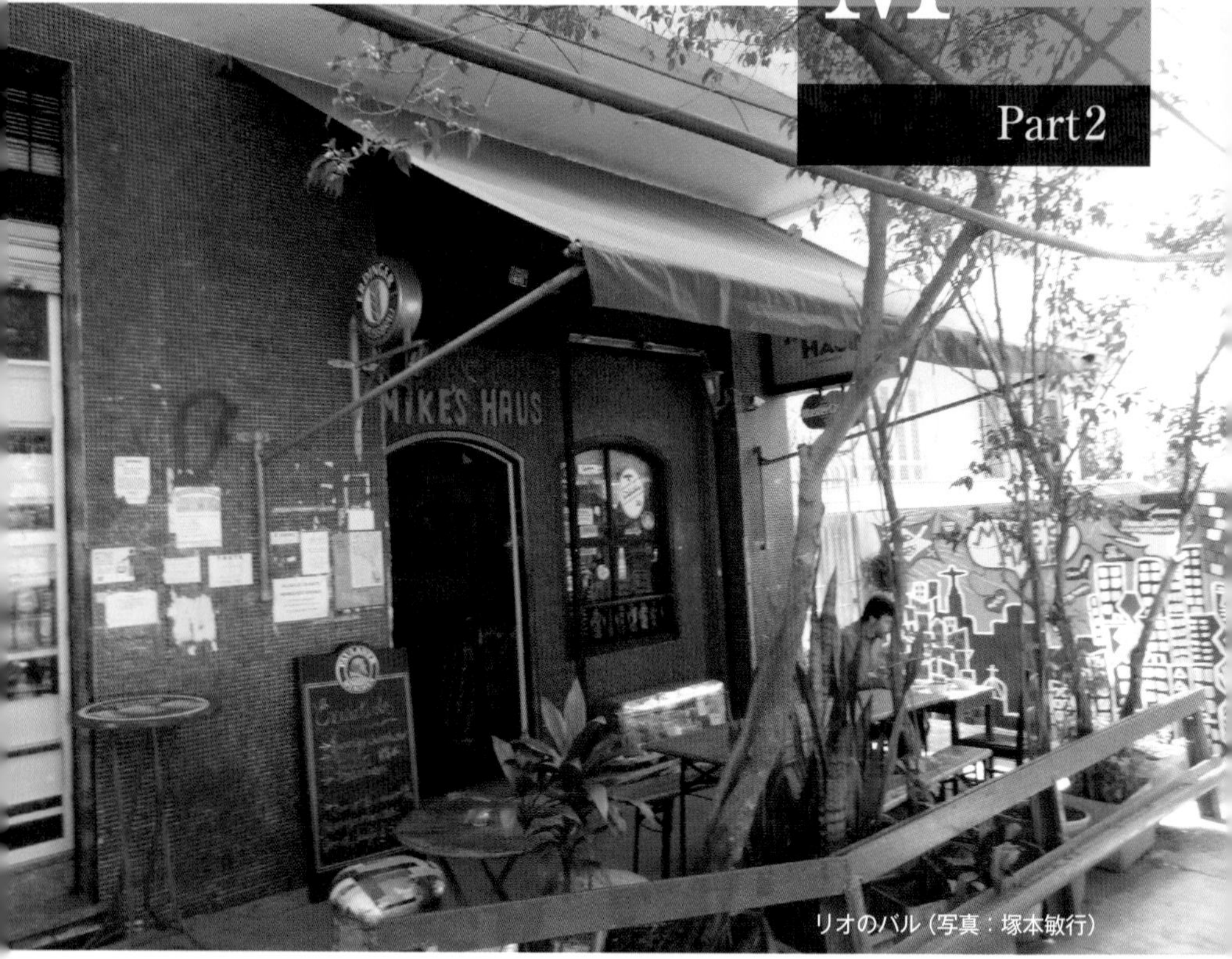

リオのバル（写真：塚本敏行）

私が生まれ育ったのは、サンパウロの街のなかです。ブラジルで、日本からの移民が一番多かった都市です。

商社員の子どもは、たいてい日本人学校に通いますが、私たちのようにここで生まれた移民の子どもたちは、地元の学校に入りました。家の裏にあった公立の小学校に一年通って、二年目からは私立のラテン系の小学校に転校しました。そこでは週に一度、カトリック教徒の宗教を教える授業があり、家族が仏教徒の私は、違う部屋で自習をしていました。

最近はサンパウロにも地下鉄ができましたが、一般的な移動手段はバスや自家用車が主体です。特に車を利用する人が多く、渋滞が酷く、大問題になっています。裕福な方の中には、会社まで、ヘリコプターで通う人もいるくらいです。私の幼少の頃は、家に運転手さんがいて、海水浴やコーヒー園などに車で連れていってくれました。幼稚園や小学校の往復もスクールバスが家まで巡回してくれました。

少しでも公害を減らすように、市内に入れる車を日によってナンバーの奇数と偶数で制限したりしていますが、複数台購入される方もいて、あまり効果がないようです。さらに、サンパウロでは水不足が深刻だと聞いています。子どもの頃は夕立が多々あったのですが、最近は雨が降らなくなったようで、気候が変わってきているのかもしれません。水道の水質がよくなかった昔は、家では一度水瓶に貯めた水を使っていました。そのため、ミネラルウォーターを飲む習慣は昔からありました。温泉地LINDOIAの水は、とても美味しかったことを覚えています。日本では最近、ペリエなどの炭酸入りの水が飲めるようになりましたが、ブラジルでは昔から食事の時には、炭酸水を飲む習慣があり、レストランに行くとÁGUA COM GAZ, ÁGUA SEM GAZ などをよくオーダーします。

私が日本とブラジルの違いで次に思うことは、「コミュニケーション」だと思います。ブラジルは、いろいろな国から人が移り住んできているため、仲よくなる方法として、先ずは相手のスタイルに合わせようとすることから始めてみます。だからこそ、頻繁にコミュニケーションを取らなければならない現実があります。例えば、バス停に並んでいる時にも誰とでも話をし、コミュニケーションを取ろうと試みます。それが彼らの文化なのです。

ブラジルには、お互いの名前を知らなくてもざっくばらんに意見を言い、心が和む場所があります。その一つが、どこの地域にもあるバルです。そこは近所の友だちとの憩いの場で、テレビでサッカーを観戦したり、大人はお酒を飲んだりトランプをしたり、子どもたちはお菓子を買いにやってきて、友だちと遊んだり、みな思い思いに楽しむのです。また、週末にはサンバが始まったりもしたものでした。貧富の差が激しい国ですが、そこではそんなことはまったく関係なく、誰とでも普通に同じ空間を一緒に楽しみます。息子が熱を出したと言えば、そこで知り合ったお医者さんが往診に行ったりするわけです。自分たちの地域社会をすごく大切にしています。基本的には人と人とのつながりが重要で、それが希薄になるとバランスが崩れてしまうと考えているからです。

日本にも、近所にバルができたら素敵でしょうね。最近あった楽しかったこと、抱えている悩みごと等の話をすることで、地域の人同士で笑い、助け合いができたりするかもしれません。わざわざ銀座や渋谷に飲みにいかなくても地元でリラックスでき、家族と一緒にいる時間も持てます。ブラジルでは、週末に誰かの家で肉のシュラスコパーティーが必ずあります。会社の友人を連れていったりすれば、家族ぐるみのお付き合いもできますね。バリアをつくり過ぎると素顔が見えなくなります。それは精神的には楽なのでしょうが、それでは寂しいと思います。近所や地域の人たちが集まって、お互いに顔を合わせて話し、そして食べる。そんな空間が必要ではないでしょうか。

日本にも地域のお祭りがありますが、その時だけで終わってしまうのが残念です。家の近くに、毎日立ち寄りたくなるような場所があるといいと思います。ブラジルの家庭には、毎日自宅に訪ねて来る人たちもいて、自分が帰宅する前にすでに家族と盛り上がっていたりしていました。そして、母がつくってくれた食事を、ともに囲むのです。日本も昔はそうだったと聞いていますが、いま、そういったコミュニケーションが求められているのかもしれません。

小野リサ ONO Risa プロフィール

ブラジル・サンパウロ生まれ。一〇歳までの幼少時代をブラジルで過ごし、一五歳からギターを弾きながら歌いはじめる。一九八九年デビュー。ナチュラルな歌声、リズミカルなギター、チャーミングな笑顔で瞬く間にボサノヴァを日本中に広める。ボサノヴァの神様アントニオ・カルロス・ジョビンやジャズ・サンバの巨匠ジョアン・ドナート等の著名なアーティストとの共演、ニューヨークやブラジル、アジアなどで海外公演を行い、成功を収める。二〇万枚を超えるヒット作を含むCDは日本ゴールドディスク大賞（ジャズ部門）を四度受賞。二〇一三年にはブラジル政府よりリオ・ブランコ国家勲章を授与される等、ボサノヴァの第一人者としてその地位を不動のものとしている。

Engineering's Heritage

［メキシコ グアナファト］
グアナファト
銀鉱で栄えた地下都市

メキシコ中央高原にある美しいコロニアル都市

メキシコと日本の交流は古い。二〇〇九年から一〇年にかけてメキシコでは日本との交流四〇〇年を記念して、多くの記念事業が開催された。これは、一六〇九年九月にフィリピン諸島総督を長とする一団の船が、当時スペイン領だったメキシコへの帰国途中に千葉県御宿沖で遭難し、乗組員三一七人が救出され、翌年、徳川家康が提供した船でメキシコに向けて出航したことを記念するものである。この時に渡航した京の商人田中勝介ら二〇数名の日本人が、メキシコを訪問した最初の日本人となった。また二〇一三〜一四年には、メキシコとの直接貿易を目指して伊達政宗が派遣した支倉常長慶長遣欧使節団のアカプルコ到着四〇〇周年として、日本とメキシコ双方で数々の「日メキシコ交流年」の行事が行われた。

二〇一五年現在、メキシコの日系企業は約八〇〇社に及ぶ。その中心は自動車および関連部品メーカーで、グアナファト州でも操業している。その州都グアナファトは、首都メキシコシティの北西約三七〇キロメートル、標高約二〇〇〇メートルの中央高原に位置する。一八世紀には世界最大の銀鉱山の街として栄え、一七四一年に市制が施行された。銀で得た富で豪華な教会やオペラ劇場などが造られ、狭隘な谷地形も相まって他のメキシコの街にはない独自の景観が作られている。車一台が通れる程度の石畳の狭い道が多い。

ピピラの丘から望む昼の鮮やかな色彩と夜景

柱のある地下道路

かつてスペインの植民地として開発され、古いヨーロピアン調の建造物が多く残る歴史ある街をコロニアル都市と呼ぶが、その中でもメキシコで一番美しいと言われるこの都市は「古都グアナファトとその銀鉱群」として、一九八八年に世界遺産にも登録された。現在は、グアナファト大学を中心として文化的・芸術的な行事が多く開催される学園都市ともなっている。

グアナファト空港から車で市街地に近づくと、突然トンネルに入る。暗いトンネルの中には歩道があり、バス停も設置されている。なぜ、トンネル内にバス停が設置されているのだろうか。

グアナファトの歴史

九月一六日はメキシコの独立記念日で、全国で毎年盛大にお祝いが繰り広げられる。独立戦争の口火が切られたのは、ここグアナファトである。市内に穀物倉庫として建設されたアロンディガ・デ・グラナディータスは、一八一〇年にメキシコ独立戦争が始まると、スペイン軍の陣地として使用され、イダルゴ神父が率いる解放軍との間に激戦が繰り広げられた。現在も残る建物上部の四隅にある鉄のフックには、イダルゴ神父をはじめ独立運動の首謀者四人の首が晒されたことを記録する銘板がそれぞれはめ込まれている。その後、この建物は一九六七年にグアナファト州立博物館となり、いまは植民地時代の歴史資料や銀製品に代表される地域の工芸品などが展示されている。

中央に川が流れる1750年頃のグアナファト
（所蔵：Museo Ex Convento Dieguino）

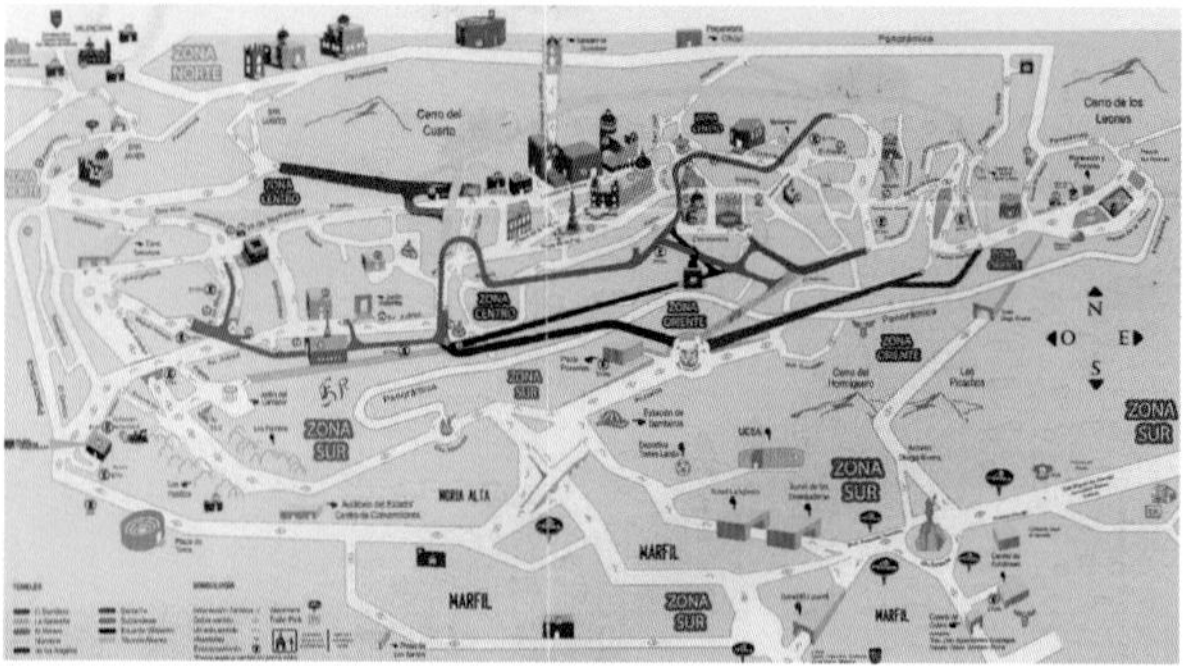

着色部がグアナファトのトンネル（グアナファトのパンフレットより）
（提供：グアナファト）

グアナファトの銀鉱群は、スペインからの征服者によって一五五〇年頃に発見された。このうち、一五五八年に採掘を始めたラジャス銀鉱が最も古い。メキシコ独立運動のグアナファトの英雄の名を冠したピピラの丘から遠くに見える、サボテンの樹液と石灰で造られた高さ数一〇メートルの直立した擁壁の背後にある直径一一・一二メートル、深さ約四〇〇メートルの八角形の立坑から、いまでは電気モーターで採掘しているが、当初はロバが、後には蒸気機関が動力として使われていた。銀を精錬した後の岩くずは、道路の路盤材として利用されている。

また、近隣にあるバレンシアナ銀鉱は、一八世紀に世界の銀の三分の二とも四分の一とも言われた産出量を誇り、深さ六〇〇メートルのボカ・デル・インフィエルノ（地獄の口）がつとに有名である。グアナファトからの銀は、全長約二五〇〇キロメートルの「銀の道」と呼ばれ

トンネル内でバスを待つ乗客

アロンディガ・デ・グラナディータス（首を吊したフックが見える）

るカミノ・レアル・デ・ティエラ・アデントロ（大地の中の王の道）で運搬された。メキシコを代表する五つのコロニアル都市をつなぎ、アメリカのニューメキシコ州サンタフェとメキシコシティを結んだ。道は、二〇一〇年に世界遺産として登録された。

ダムとトンネルの建設

グアナファトの銀鉱の所有者も銀の精錬を行っていたものの、採掘量が非常に多かったため、立坑横に屋根付きの銀鉱石販売所を設置して、近隣の農場主にも販売していた。このためグアナファト川の周辺には、農場主が所有する精錬所が建ち並んでいたが、街が谷地形の上に位置することから洪水の被害を何度も受けた。

さらに、シルバーラッシュとともに発展した街は人口が増大し、水不足と汚水処理が課題となってきた。この対策として、郊外のオヤダで一七四九年に完成したオヤダムが水不足から街を救うとともに、定期的な放流はグア

ナファト川に垂れ流された汚水の清浄にも役だった。その後、エスペランサ・ダムなど数か所のダムが建設されたため、一八四九年にオヤダムはその役目を終え、いまは人々が散策する憩いの場所となっている。

そもそもグアナファトの地形は街の中心を東から西へ横切るグアナファト川をはじめ、多くの沢が周囲の山々から流れ込んでいる。そのため、年平均降水量は七〇〇ミリメートル程度と少ないものの、一八世紀後半だけでも五回の洪水が起きている。一七七二年の洪水の後、グアナファト川両岸に高さ一〇メートル以上の壁が必要と提案されたが、採用には至らなかった。しかし、その後の度重なる洪水対策の一つとして、一七八〇年に川沿いの低地を約五メートル嵩上げすることを決定した。これにより一般の住宅だけでなく、一六六三年にこの地で最初の修道院として造られたディアグイノ修道院も土砂の下に埋められてしまったが、この修道院はその後一段高い位置に再建された。

かつては屋根があったラジャス銀鉱の販売所跡

オヤダムと小さなゲート

この対策後も洪水被害が発生したため、一八二二年に市街地に地下排水トンネルを計画した。六〇余年後の一八八三年になってようやく建設に着手したが、直径三メートルで延長一三五メートルを掘削しただけで二年後に中断されてしまった。その後、土木技師ポンシアーノ・アギラールが主導して、当時、最新の採鉱技術を用い、ポズエロダムまでの延長一一六二メートル、直径七メートルのエル・クアジントンネルを一九〇八年に完成させ、地下に水を導くことに成功した。

一九九六年には、考古学的なプ

ロジェクトにより、埋まっていた修道院を掘り出し、博物館として蘇えらせた。また、旧住居は泥を掻き出してレストランに、店前の斜路は地下道へのランプとして活用している。

橋上の家屋

開業したレストランとトンネルへ続く斜路

地下都市の成立

トンネルで構成されている地下都市の成立には、次の三つの形態がある。一つ目は、二〇世紀初頭に鉱山技術により建設された河川トンネル。二つ目は、一七八〇年に川沿いの両側を五メートル嵩上げした際に、石とレンガで河川縦断方向に連続して造った多数のアーチ橋で蓋掛けした河川暗渠。三つ目は、一九六〇年以降に建設された新しい道路トンネルである。

ダムや排水トンネルの建設、地盤の嵩上げと、積極的に都市インフラの整備に取り組んできたが、河川への汚水排出による衛生問題や、自動車交通量の増加による交通渋滞と駐車場問題が顕著となってきた。そこで一九五〇年以降に、河川をさらに深い位置に切り替える整備が開始された。これまでの河床をそのまま道路として活用する計画が発案され、一九七四年には大規模な開削工法で河床下に設置する工事が行われた。

このように、あたかも地下道路が建設されたように見えるが、古い構造物はすべて河川構造物を再利用したもので、河川上空も含めて人工地盤からなっている。一九六〇年以降のトンネルは、街の交通計画に沿って建設されたもので、地下道路網は一九八八年に完成し、現在のような地下都市となった。通勤や通学の足となる大型バスが地上を通行できない中心市街地のセントロ地区では、

当時の鉱山技術で掘削されたトンネル

地下道路の縦列駐車脇を走る

分岐のある地下道路

この地下道路網にバス停が設置されている。

一九八二年以降、歴史的な街の保全は公共教育省傘下の組織ＩＮＡＨ（国立人類学歴史研究所）が行っている。総延長八キロメートル以上に達する道路のうち、実際に地下道路として利用されているのはその一部で、一般公開されていない小さなトンネルも多数ある。一二七か所ある古い地下道（人工地盤）を支えるレンガのアーチは、歩道を歩くと肋骨のような形状で張り出していて、すぐにそれとわかる。上空が見える堀割区間では、住居の一部が片側から大きく張り出し、いつ落ちてくるかと非常に不安を感じる。また、人工地盤として埋め立てた区間の擁壁には、すでに当時から水抜きパイプが設置されていて、擁壁背面の水圧が作用しないように工夫されている。

噂に違わぬ美しい眺め

グアナファトの街には、黄色のグアナファト聖母大聖堂や白を基調としたグアナファト大学など、色鮮やかな建築物が建ち並ぶ。街中の建物の色は、昔から使っている色に近いものを使用するルールになっていて、塗料もオーガニックのものが求められている。しかし、塗替え

ひときわ大きなピピラ像が建つピピラの丘

は市役所に申請し、毎年末に行うことになっていて、多くのオーナーは維持管理が煩雑なことから、この制度を疑問視しているとのことである。

また、サン・ディエゴ教会の裏からケーブルカーで、ピピラの丘に登ることができる。そこからは、夕暮れから徐々にオレンジ色の街灯が灯り、街を輝かせる風景が望める。

土産店などの商店が多く入るイタルゴ市場は、外観は駅舎、内部はドーム型で天井が高い。鉄道駅舎として建設されたとする記述もあるが、駅舎をイメージしてデザインしただけというのが真相らしい。一九〇八年に開業した鉄道駅は、イタルゴ市場西側の街の入口に近い場所にあり、現在は使用されていないものの、蒸気機関車用の木製水タンクや、荷を積むために高くしたプラットホームが残っ

グアナファト鉄道駅跡

ている。

一九七二年から毎年一〇月に開催される国際セルバンテス祭は、メキシコにおける芸術と文化の最も重要な祭りである。世界中の表現芸術作品がスペイン語で上演されることで有名である。祭りの起源は『ドン・キホーテ・デ・ラマンチャ』の作者であるミゲル・セルバンテス・サベドラの小作品が、この街で上演されていたことに由来する。

近年、グアナファトは冒頭に記述したようなことから、日本との関係が深まりつつある。グアナファト空港の売店では給湯サービスのある日本製カップ麺を食べることができる。また、日本ではグアナファトの自動車関連視察ツアーがあるほど関心が高まっている。これからさらに多くの日本人が、この地下都市を訪れるに違いない。

日本の類似土木施設　大谷石地下採掘場跡

類似点　地下空間の利用

概　要　現在、大谷資料館となっている地下採掘場跡の広さは二万平方メートル、深さは三〇メートルにも及ぶ。石肌には手掘り時代のツルハシの跡が残る。地下の巨大建造物を思わせる景観は圧巻だ。巨大地下空間ではコンサートや美術展などが開かれ、地下の教会として利用されるなど、イベントスペースとしても注目を集めている。大谷石とは、栃木県宇都宮市大谷町付近一帯から採掘される流紋岩質角礫凝灰岩の総称で、採掘が本格的に始められたのは江戸時代の中頃からである。夏は涼しく、冬は暖かい場所だ。

所在地　栃木県宇都宮市

◆現地を訪れるなら◆

スペインからの独立運動が始まり、市民軍はグアナファトに迫る。しかし、スペイン軍は頑丈な穀物倉庫アロンディガに籠城。まともな武器を持たない市民軍は攻めあぐねた。そこで鉱夫ピピラが、弾除けの石板を背負って扉まで近づき、タールに火をつけて破り、市民軍を最初の勝利へと導いた。街が一望できる、高さ九メートルのピピラ像が建つピピラの丘にはケーブルカーが便利だ。

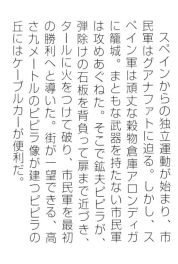

［パナマ パナマシティ／コロン］パナマ運河

世界の海上交易の重要ハブ

二〇世紀最大の土木工事

首都パナマシティの中心から車で南西に五キロメートルほど行くと「アンコンの丘」と呼ばれる小高い場所がある。丘から北西を望むと、パナマ運河と港湾施設が一望できる。また、東には旧市街地が、北東には新市街地の高層ビル群が林立する。

パナマ運河は、人口約三八六万、国土面積七万五五一七平方キロメートルのパナマ共和国の中央部に位置している。一九一四年に完成したこの運河は、二つのゲートを設けて高低差のある水路を区切り、閘室内の水位を調整して船を昇降させる閘門式運河で、全長は約八〇キロメートルに及ぶ。

一八八〇年一月、スエズ運河を建設したフランス人実業家フェルディナン・ド・レセップスにより、パナマ運河建設が開始された。スエズ運河と同じ、海面式運河（水平式運河）として建設を始めたが、予想を超える難工事とマラリアや黄熱病などで多くの犠牲者を出し、建設主体のパナマ運河会社は倒産。フランスによるパナマ運河建設は失敗に終わった。その後の一九〇四年、アメリカによるパナマ運河建設が閘門式運河として開始され、一九一三年三月にパナマ運河は事実上完成し、翌年八月に開通した。パナマ運河建設工事は、二〇世紀最大の土木工事の一つと呼ばれている。

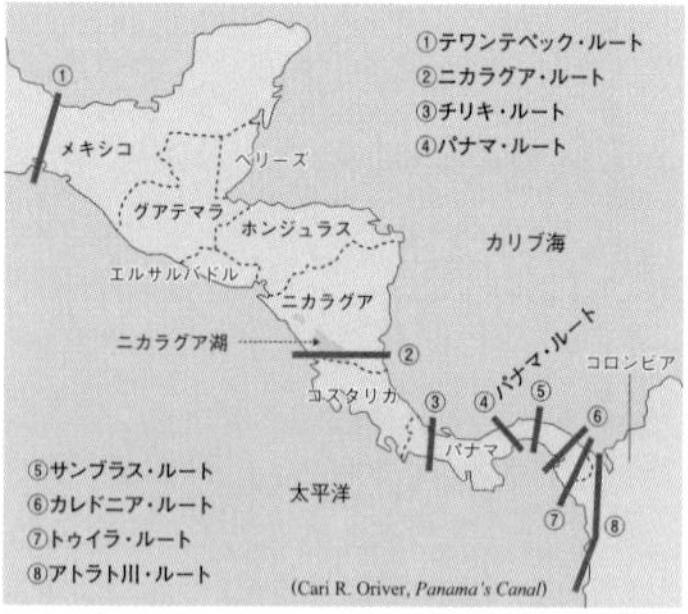

アメリカ海軍による運河候補ルート
（出典：『パナマを知るための55章』）

なぜ、アメリカはパナマ運河を建設したのだろうか。

運河建設構想

一五一三年九月、スペイン人バスコ・ヌーニェス・デ・バルボアの探検隊は、ヨーロッパ人として初めてパナマ地峡を大西洋側から太平洋側への横断に成功した。以来、パナマ地峡は、インカ帝国などからの金銀財宝や香辛料等をヨーロッパへ輸送するために、太平洋側の港と大西

パナマ運河ミラフローレス閘門

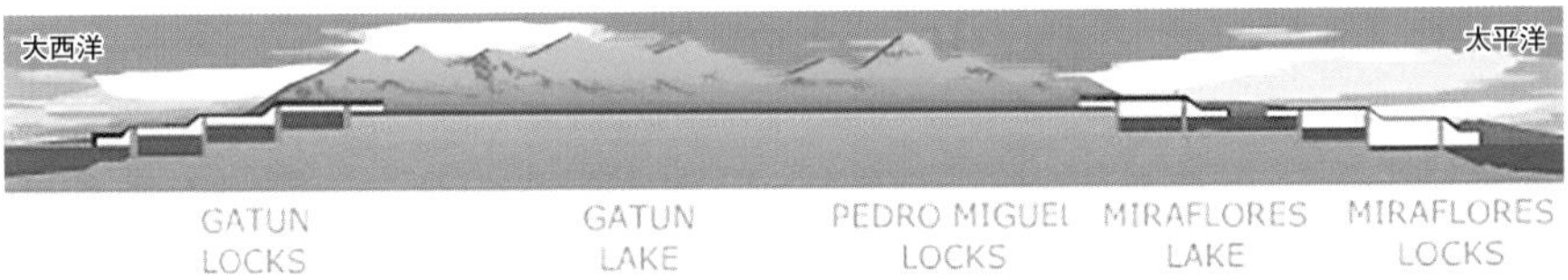

パナマ運河のしくみ（出典：「Autoridad del Canal de Panamáホームページ」）

洋側の港を陸路で結ぶ重要な中継点となった。

パナマ地峡に運河を建設する構想は古くからあり、スペイン帝国は中米地峡の運河候補ルートの現地調査を一六世紀から一八世紀後半まで行い、ニカラグアやパナマなど四つの候補が挙げられていた。一九世紀初頭にも、プロシャ（ドイツ）のフンボルトが詳細な調査を行い、スペインの四候補以外に九ルートを挙げている。一八三八年にフランスのナポレオン・ガレラは、北米の五大湖と大西洋を結ぶウェランド運河（一八二九年完成）で応用されていた閘門式運河案を採用し、現在のパナマ運河ルートに近いリモン湾からバカモンテまでの区間に、計三五の閘門を造る案を提案した。アメリカ第一八代大統領ユリシーズ・グラントは、中米地峡に「アメリカの運河」を建設するための調査を海軍に命じた。一八七〇年から五年間にわたり、八つのルートの調査が行われ、ニカラグア、パナマ、コロンビアの三ルートに絞られた。そのうち、天然のニカラグア湖を利用するニカラグア案が最有力候補となっていた。

フランスによる運河建設と挫折

　一八七九年、パリでレセップスにより開催された「両洋間運河研究国際会議」において、アメリカはニカラグア案を提案したが、パナマ案が採択され、海面式運河にするという採決も行われた。この結果を受けて、レセップスを代表とするパナマ運河会社が設立され、当時、この地を支配していたコロンビアから運河掘削権を購入。一八八〇年一月にパナマ運河の建設が開始された。

　建設にはスエズ運河に利用された建設機械や、一八六七年発明のダイナマイト、浚渫船、蒸気ショベルなどが使われた。工事の最大の難所は、延長一三・七キロメートルの切土掘削を阻むクレブラ（蛇の意味）地帯であった。太平洋側から約一〇キロメートル入ったところにあり、標高一〇〇メートルほどの丘陵が分水嶺をなしている。地質はクカラッチャ（ゴキブリの意味）と呼ばれ、粘性土と頁岩《けつがん》が混じり、水分を含むと崩れやすくなる。そのため、大雨が降るとたびたび地すべりが起き、土砂が建設機械を埋め尽くすような状況であった。

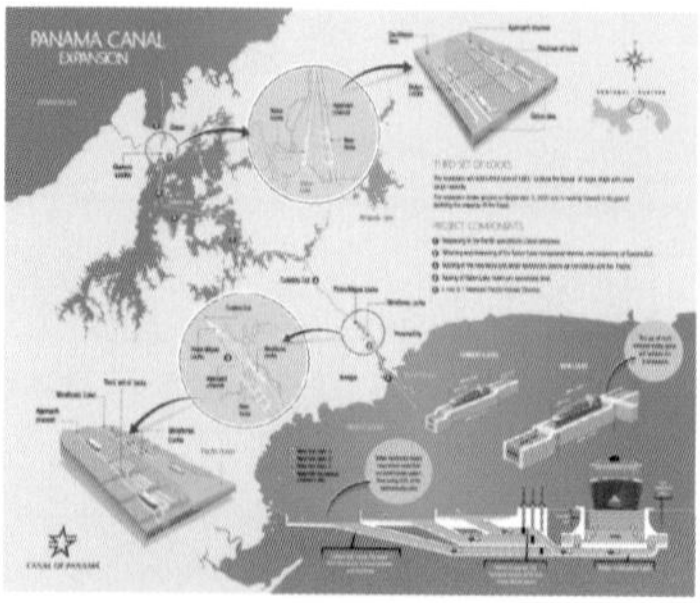

パナマ運河全体位置図と運河拡張計画
（提供：Autoridad del Canal de Panamá）

　この難工事を続けてきたパナマ運河会社は、一八八五年には資金が枯渇し、八九年二月五日にはついに破産してしまう。六億一五〇〇万フランの巨費を投じ、延べ二〇万人の労働力を動員したが、パナマ運河建設は失敗に終わった。八年間の工事期間中、黄熱病やマラリアなどで二万二〇〇〇人もの死者が出ている。

パナマ運河条約

　一八九八年、キューバでスペインによる植民地支配に抵抗する反乱が起き、アメリカはキューバ支援のため戦艦オレゴン号に出撃命令を出した。しかし、太平洋上にいたオレゴン号が、南米最南端のホーン岬を回り、キューバに到達した時には戦争が終わっていた。これを契機に、「アメリカの運河を」という世論が国内に起こった。植民地獲得競争の時代の中、アメリカにとっての中米地峡運河は単に海軍艦艇や商船、貨物船等の航路のショートカットだけでなく、中南米での軍事拠点を設ける意味もあった。

アメリカが建設したパナマ鉄道の医務部長をしていたパナマ人マヌエル・アマドールは、一九〇三年頃、コロンビアからの分離・独立を目指す運動を密かに行っていた。当時のパナマには資金も軍隊もなく、唯一の頼みはアメリカであった。アマドールは、フランスのパナマ運河建設時代に技師長をしていたフランス人フィリップ・ビュノー・バリーヤにニューヨークで会った。一九〇三年九月、バリーヤはアマドールにパナマ独立に必要な軍事作戦を指示したうえ、『独立宣言文』『新共和国憲法』草案などの文書まで準備し、必要資金の提供も約束した。アマドールは、一〇月二〇日にパナマに向けて出発。アメリカはパナマの分離・独立を支援するために、カリブ海側と太平洋側に巡洋艦を停泊させ、コロンビア軍の行動を牽制した。そして一一月三日、無血でコロンビアからの分離独立が、パナマシティで正式に宣言された。

パナマの全権大使となったバリーヤは一一月一三日、ホワイトハウスでルーズベルト大統領と会見し、アメリカ政府の新生パナマ共和国の承認を取りつけた。彼はアメリカ議会に運河条約を早く批准させるべく、アメリカ・コロンビア間で結ばれていた『ヘイ＝エラン条約』の条文に修正を加え、アメリカが占有する運河地帯の幅を一六キロメートル（一〇マイル）に広げ、その占有期間を永久に与えるものとした。一一月一八日、ジョン・ヘイ米国務長官との運河条約『ヘイ＝ビュノー・バリーヤ条約』が調印された。翌一九〇四年二月二六日、ワシントンで批准書が交換され、『パナマ運河条約』が発効された。

アメリカによる運河建設

一九〇四年五月四日、運河地帯での工事が開始されたが、翌年、工事現場で黄熱病が蔓延してパニック状態となり、アメリカ人の三分の二が帰国。初代技師長の鉄道技師ジョン・F・ウォレスも辞任した。

同年、二代目の技師長に任命されたジョン・スティーブンスは、着任後すぐにパナマシティとコロンでの徹底的な清掃を行い、軍医ウィリアム・C・ゴーガスによる黄熱病とマラリアの対策を行った結果、これまで二〇六件もあった黄熱病は、一九〇六年にはわずか一件に激減した。しかし翌年、スティーブンスもまた精神的疲労により辞任した。

三人目の技師長として、アメリカ陸軍中佐（後に大佐）ジョージ・W・ゲーサルスが任命された。工事区間の最大の難所クレブラ・カット工区の責任者は、デイビッド・D・ゲイラード大佐であった。クレブラでは合計二二回もの地すべりが発生し、そのたびに建設機材が土砂に埋もれ、人的被害も出た。当時、最新の蒸気ショベルが五、六〇台稼働し、土石は貨車で搬送された。この区間の掘削土量は、フランスの建設時代と合わせて合計二億立法メートルにも及んだ。

一九一〇年には、チャグレス川をガトゥン・ダムで堰き止めたガトゥン湖が完成した。湖の面積は四二三平方キロメートル（琵琶湖の六三パーセント）で、当時、人造湖では世界最大の面積を誇った。一九一三年、大西洋側のガトゥン閘門に三段のゲートが、太平洋側のミラフローレス閘門とペドロ・ミゲル閘門にそれぞれ二段と一段の合計六段のゲートが完成し、各閘門には二レーンの水路が設けられた。

工事に従事した人数は延べ三五万人に達し、アメリカが支出した費用は三億七五〇〇万ドル（現在の金額で約一・一兆円）であった。アメリカによる建設期間中の死者は五六〇九人、使用されたコンクリート量は三四四万立法メートルに及ぶ。

正式な運河開通式は、一九一四年八月一五日に実施された。パナマ運河の全行程を初めて通行したのは、フランスの蒸気船「SSアンコン号」であった。その後、一九三五年には、運河の水源を安定的に確保するため、チャグレス川上流にマッデン多目的ダム（アラフエラ湖）が建設されている。

ミラフローレス閘門の建設（1911年）
（提供：Autoridad del Canal de Panamá）

クレブラでの掘削工事（1904年）
（提供：Autoridad del Canal de Panamá）

米国陸軍工兵隊大佐
ジョージ・ワシントン・ゲーサルス
（提供：Autoridad del Canal de Panamá）

閘門式運河

現在、パナマ運河を通行する船は、海抜二六メートルのガトゥン湖まで三段の閘門を上がる。船が閘室に入ると後ろのゲートが閉まり、閘室の床面と側面の一〇〇個ほどの穴から水が噴き出し、八～一〇分で次の閘室との水位が同じになる。大型船は、両岸にあるインクラインと呼ばれるレールを走行する三菱製の八台の電気機関車に牽引されて次の閘室へと進む。完成当時は、蒸気機関車で牽引していた。また、ミラフローレス閘門とガトゥン閘門にはビジターセンターがあり、大勢の観光客が訪れている。

日本人技術者・青山士

パナマ運河建設に携わった唯一の日本人技術者として青山士《あきら》がいた。はじめは測量補助員（ポール持ち）であったが、勤勉さと有能さから短期間に昇進し、ガトゥン閘門の側壁、中央壁先端のアプローチ水路の主任設計技師となり、後にガトゥン工区の副技師長になった。第一次世界大戦前夜という時節もあり、青山は運河が完成する前の一九一一年一一月に帰国。その後は、内務省で荒川放水路開削や信濃川大河津分水改修等の治水工事を手がけた。

パナマ運河拡張計画

従来のパナマ運河では、長さ二九四・一メートル、幅三二・三メートルまでのパナマックス型と呼ばれる船にしか通行できず、船舶の大型化が進むにつれて運河の拡張が望まれていた。このため運河の拡大や第二パナマ運河を建設する計画が、パナマ、米国、日本の三か国で進められた。パナマ運河拡張工事は二〇〇七年九月三日に開始され、総事業費五四億ドル（約五五〇〇億円）をかけて二〇一六年六月に完成した。これまでの三閘門に平行して、太平洋側と大西洋側にそれぞれ三閘室の閘門を新設した。新閘門は、スライド式ローリング・ゲートと節水槽の建設を含む。節水槽により、消費水量の六〇パーセントが再利用できる。新閘門を通過できる船の最大の大きさは幅四九メートル（従来三二・三メートル）、長さ三六六メートル（同二九四・一メートル）、喫水一八メートル

建設中のガトゥン・ダム余水吐（1913年）
（提供：Autoridad del Canal de Panamá）

初通過するSSアンコン号（1914年）
（提供：Autoridad del Canal de Panamá）

ミラフローレス閘門

建設中の新ガトゥン閘門（2015年8月）
（提供：Autoridad del Canal de Panamá）

ミラフローレス閘門を通過する船舶

パナマ運河閘門の主要諸元（現行施設）
（提供：Autoridad del Canal de Panamá）

項目	ミラフローレス閘門	ペドロミゲル閘門	ガトゥン閘門
位置	太平洋側	太平洋側	大西洋側
レーン（航路）数	2	2	2
閘室数	2	1	3
閘門の総延長	1.6km（1mile）	1.29km（0.8mile）	1.93km（1.2mile）
閘門の総上昇高	16.5m（54ft）	9.5m（31ft）	26m（85ft）
閘室の幅	33.5m（110ft）	33.5m（110ft）	33.5m（110ft）
閘室の長さ	304.8m（1000ft）	304.8m（1000ft）	304.8m（1,000ft）
各閘室の平均水深	23.5-25m（77-82ft）	23.5-25m（77-82ft）	23.5-25m（77-82ft）
ゲート（門）の数	28	24	40
ゲート（門）の高さ	14.3-25m（47-82ft）	14.3-25m（47-82ft）	14.3-25m（47-82ft）
ゲート（門）の幅	19.5m（64ft）	19.5m（64ft）	19.5m（64ft）

パナマ国旗

（同一二メートル）となった。

アンコンの丘

運河地帯の永久租借地には、アメリカの軍事施設が置かれ、中南米におけるアメリカの軍事拠点となっていた。第二次世界大戦後、パナマの民族主義が高まり、運河返還を求める声が強くなった。度重なる反米運動や抗議デモなどが行われ、国家防衛隊や米軍と衝突、死傷者も出た。一九七七年、新パナマ運河条約『オマル・トリホス＝ジミー・カーター条約』が結ばれ、運河および運河地帯は、一九九九年一二月三一日正午にパナマへ正式に返還され、アメリカ軍は完全撤退した。現在のパナマ運河は、パナマ共和国のパナマ運河庁が管轄している。

現在、アンコンの丘の頂にはパナマ国旗が誇らしげに掲げられている。また、アメリカによるパナマ運河地帯の統治を嘆いたパナマの女性詩人アメリア・デニス・デ・イカサの銅像がひっそりと佇んでいる。平和になったアンコンの丘には、地元の小学生たちが遠足に訪れていた。

日本の類似土木施設　富岩運河と中島閘門

類似点　パナマ式閘門のある運河

概　要　富山市と当時の東岩瀬町の両市町をつなぐ富岩《ふがん》運河は、神通川に平行して建設され、延長約五キロメートル、幅四二～六〇メートルある。一九三五（昭和一〇）年に完成した。河口から約三キロメートル付近には水位差二・五メートルを解消するため、パナマ運河方式を採用した中島閘門がある。閘室は鉄筋コンクリート造りの地震に強い構造で、長さ六〇メートル、幅九メートル、二〇〇トン級の船を通す。一九九七年に復元工事が実施され、一九九八年に国の重要文化財となった。

所在地　富山県富山市

◆現地を訪れるなら◆

パナマシティの西八キロメートルにあるミラフローレスの閘門には、ビジターセンターがある。運河に関する映画の上映や資料館も併設している。観光客で混んでいる最上階展望台から、巨大な船の通過がたっぷり楽しめる。ビュッフェスタイルのレストランがあり、ランチを楽しみつつ、目の前の船を眺めることができる。雨でなければテラス席がお勧めだ。

Engineering's Heritage

［ペルー リマ］ リマ スペイン諸王の街

カラフルな世界遺産都市

ペルー共和国の首都リマは、創建から現在に至るまで南米大陸太平洋岸の中心的な都市である。沿岸の砂漠地帯中央部に位置し、寒流のペルー海流が海面上の空気を冷やして、上昇気流の発生を妨ぐため、年間を通じてほとんど雨が降らず、曇天となることが多い。

　市街地は、歴史的な建造物が多く残る旧市街と、高層ビルが林立するオフィス街の新市街からなる。一五三五年、インカ帝国の征服者であるスペイン人のフランシスコ・ピサロにより築かれ、彼をはじめ、征服者たちはスペイン・アンダルシア地方の出身が多かったことから、旧市街にはその影響が色濃く残っている。色鮮やかな壁面やバルコニー等が特徴のコロニアル様式と呼ばれる建築物が立ち並び、内部にはアンダルシア風のタイルが残るなど、背景の曇り空とは対照的に街全体がカラフルに彩られている。また、他のスペイン植民都市と同様に、市街中心部に広場を設け、それを囲むように教会や市役所、郵便局等の行政施設を配置し、支配の象徴としている。また、碁盤の目状に街路を配していることが特徴である。

サン・フランシスコ教会・修道院

　旧市街には、二つの主要な広場がある。一つは、中心部に位置するアルマス広場。ピサロはこの広場を中心に碁盤の目状に街を築いていった。現在では、毎日正午に衛兵の交代式

アルマス広場

が行われ、創建時から変わらぬリマの代表的スポットである。もう一つはサン・マルティン広場。ペルーの独立を宣言したホセ・デ・サン・マルティンの名を冠し、比較的歴史は新しいが、市民の憩いの場としてイベント等が頻繁に行われている。

このような建築・都市計画面の特徴が評価され、一九八八年には二本の鐘楼を持つバロック様式のサン・フランシスコ教会・修道院が、一九九一年にはリマ歴史地区全体がユネスコの世界文化遺産に登録された。

このようにリマは、建築や都市計画に焦点が当てられることが多いが、都市を築くまでの背景や経緯が述べられることは少ない。なぜ、ピサロはリマに中心都市を創建しようと考えたのだろうか。

ピサロによるインカ帝国の征服

まず、征服者・ピサロがインカ帝国を発見し、征服するまでの過程をたどってみたい。

時代は、大航海時代の一五世紀末から一六世紀前半。コロンブスがスペイン女王イサベルの援助を得て、一四九二年に西インド諸島に到達した後、スペイン人の植民地支配が拡張していく。そのなかでピサロは、太平洋を南下して南米大陸の海岸地域を調査すると、インカ帝国領土内であったペルー北海岸の都市群を発見する。彼は一旦スペインに帰国。国王と交渉し、その征服を一任された。わずか一八〇名という少数部隊を引き連れ、インカ帝国が支配していた当時のペルーに上陸したピサロは、金銀等の希少な資源を採取するため、キリスト教の布教を名目に、インカ帝国の街々を次々と破壊し、自治都市としてクスコやハウハを築いていった。ハウハの建設は、大量の金銀の集積拠点とするためであった。しかしアンデス山脈内の山岳都市ハウハは不便なため、後に海岸に近いリマを築き、ハウハの住民はすべてリマに移り住んだと言われている。

船舶による貿易が、都市繁栄のための必須事項であったことから、資源が豊富な山岳都市を一つの拠点としつつ、沿岸部に拠点を併設することは時代の要請であったのだろう。一方で、リマは厳密には港湾に近接していない。リマ創建後、アンデス山脈で産出された銀等はパナマ経由でヨーロッパへ輸出され、ヨーロッパからはワインや布等が輸入された。その拠点は、リマから約一〇キロメートル離れた港湾都市カヤオであった。

当時、イングランドの海賊等による、スペインの貿易船や植民都市への襲撃は日常茶飯事であった。後にリマが市街地の外周に城壁を構築したように、海賊への対処は支配者の悩みであった。ピサロも例外ではなかった。彼自身がインカ帝国を征服した海賊であったこともあり、当時の海賊が持つ軍事力の強大さを人一倍脅威に感じていただろうことは容易に想像できる。このように海賊への対処に配慮して、海岸に近い港湾都市カヤオは都に選ばれなかったのである。

リマ創建の背景

それでは、リマが都として創建された理由とは何だったのだろう。

一つには、その地形がある。サン・クリストバルの丘と呼ばれる標高四〇〇メートル程度の丘陵が旧市街北側に位置し、この丘が見張り台として適していたと考えられる。現在は、リマを代表する観光地となっていて、丘の上にはピサロが建てたと言われる巨大な十字架がそびえ、その麓には大統領官邸から見渡せるよう鮮やかな色を塗ったという住居が張りついている。

リマとカヤオをつなぐリマック川の存在も、ピサロの判断に影響を与えた。リマック川は水深が浅いため、交易はラバ等による陸路が主体であったと推測され、舟運の利便性は低かったと考えてよい。リマック川からは用水路が引かれ、砂漠地帯でありながら、小麦やトウモロコシ畑、果樹園等への灌漑が可能であった。実際に建設地には集落が存在しており、都市生活を支えるリマック川の産業面での貢献は大きかった。また、その肥沃な大地には樹木が生育し、住居建設のための木材調達が容易であったことも、リマック川近くに適地を選定したもう一つの大きな要因であった。さらに、地元のインディオが敵対的でなく、都市の防御が比較的容易であったことも挙げられる。

このようにピサロは、外敵への防御性や地形、産業といった複合的な要因から、中心都市の建設地をここに選定

右手がサン・クリストバルの丘

サン・クリストバルの丘からの眺望

リマで最も古いカテドラル

ピサロの遺体が安置されている棺

し、一五三五年一月一八日、「諸王の街」と名づけて建都を宣言した。現在はリマと呼ばれているが、その語源はリマック川の左岸に位置していたためと言われている。

　ピサロはこの六年後の一五四一年、インカ帝国残党の内乱に巻き込まれて没する。その後のリマの繁栄を考えると、さぞかし無念であったに違いない。現在、彼自身が礎石を置いたカテドラルは、アルマス広場の正面にそびえ、その内部にはピサロの遺体とされるミイラが安置されている。

住宅地に残る城壁跡

城壁公園に残る城壁跡

都市の変遷と城壁

　一六～一七世紀のリマは、ペルー副王領の首都として、また南アメリカのスペイン帝国全体の首都として、行政および商業の中心的な都市であった。そのため海賊等からの襲撃が続き、インディオとの関係も悪化したことから、一六八四年から八七年にかけて市街地の外周に城壁を築いた。城壁の素材は日干し煉瓦や、リマック川から産出される玉石と粘土からなり、三四の五角形の稜堡から構成されていた。稜堡には砲台や銃眼等がなく、インディオや海賊への対処としては壁だけで十分であったことを示している。

しかし城壁は、一八七二年に撤去された。その理由の一つは、リマの人口が一七〇〇年頃に約四万人、一八五〇年頃には約一二万人に増加し、都市拡張の必要性が迫られたことである。加えて、一七八四年や一八二一年にペルーを襲った大地震に対して煉瓦造りの城壁は脆く、そのたびに破損し修復を繰り返していたことも影響している。城壁が取り除かれた場所は幹線道路や交差点が整備され、現在の旧市街の外周路として新たな骨格となっている。

いまでも旧市街には、リマック川沿いに整備された城壁公園や東部住宅地内に城壁が残っている。東部住宅地は低所得者層が多く住む治安の悪い街で、都市開発の波がまだ及んでいないことが城壁の残存に寄与したのだろう。現在、城壁は複数の種類の石材で覆われている。これは、住民が城壁の一部を勝手に撤去し、居住化したためで、一説にはリマック川へのアクセス路や、バルコニーも設置されていたという。かつてのリマック川は市民の愛着ある場所であったのだろう。残念ながら、現在のリマック川はハイウェイ等に挟まれ、市街地からアクセスしづらくなっている。

城壁公園には、一九三五年のリマ建都四〇〇周年を記念し、ピサロの故郷スペインから送られた彼の騎馬像がある。かつてはアルマス広場付近に鎮座していたが、市民運動によってここへ移設されたという。撤去ではなく、移設となった経緯は定かでないが、侵略という行為の一方、リマの都市骨格を明確に築いたピサロに対して、リマ市民は憎悪の感情を抱いているだけではないのかもしれない。

旧市街の課題と展望

旧市街にはコロニアル様式のカラフルな建築物だけで

城壁公園のピサロ像

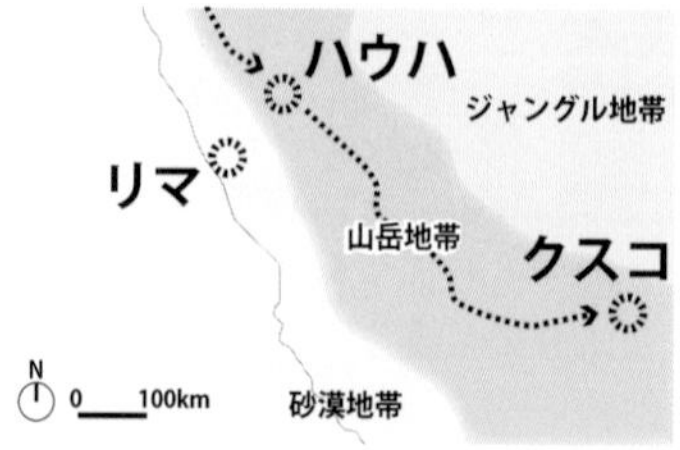

ピサロの行程（作成：金野拓朗）

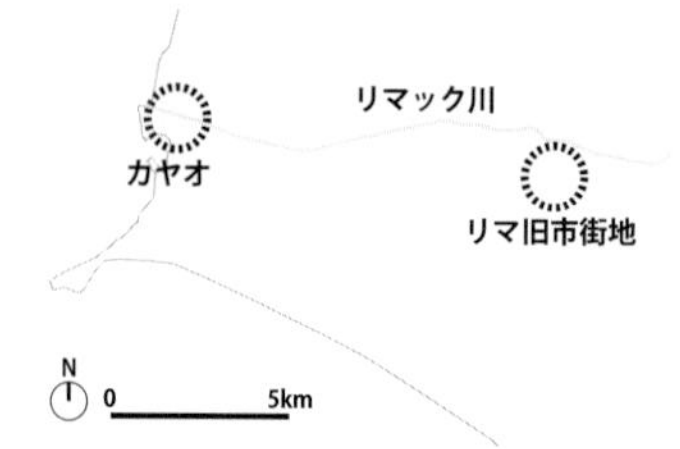

リマとカヤオの位置関係
（作成：金野拓朗）

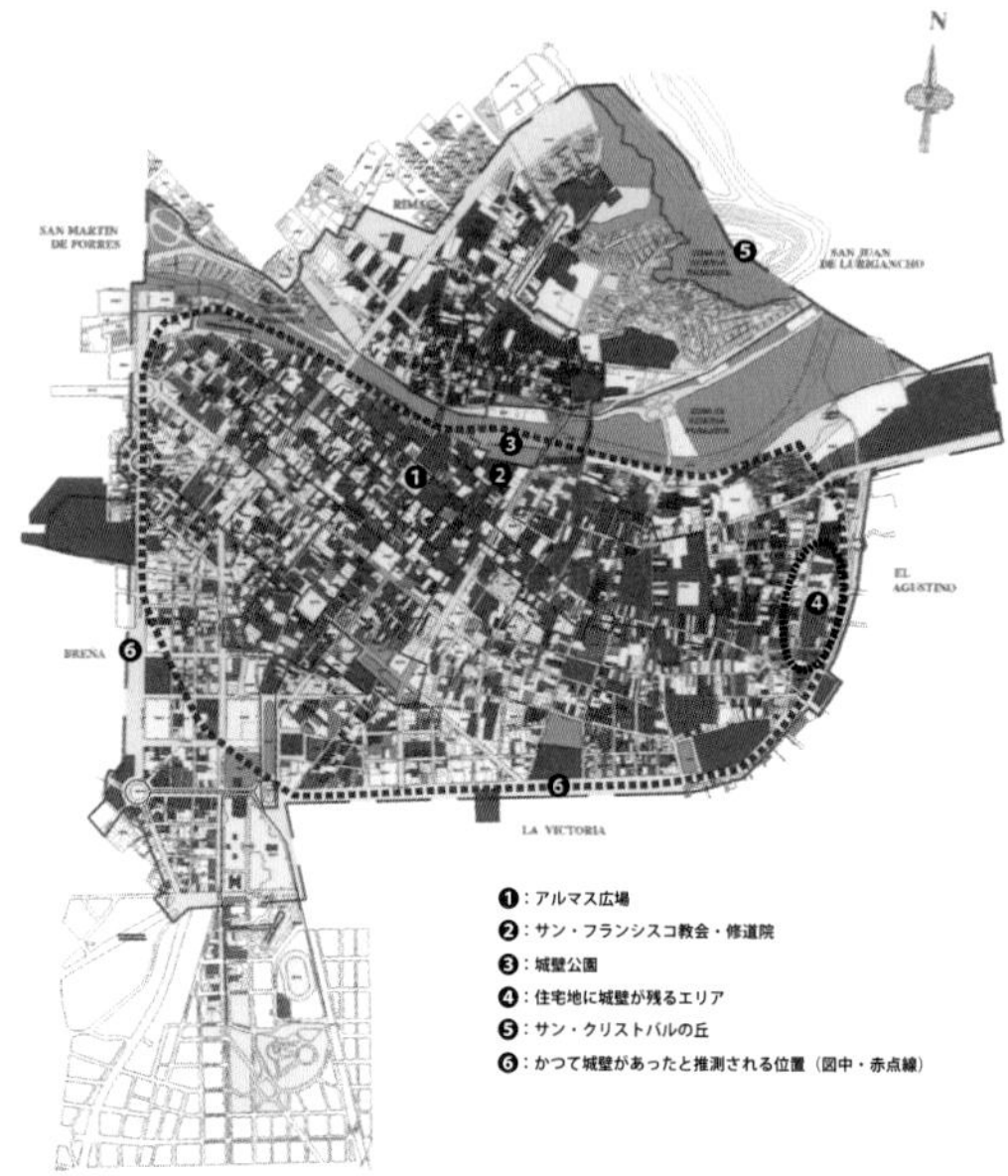

リマ市街地の平面図。赤線が城壁位置
（提供：PROLIMA　加筆：金野拓朗）

旧市街の建築立面（提供：PROLIMA）

なく、キンチャと呼ばれる、日本でいう木骨モルタル造に似た構造形式の建築物が一部に残り、旧市街の街並みに厚みを与えている。しかしキンチャによる建築は地震によって倒壊しやすく、何度もリマを襲った大地震で、いまでは希少性の高いものとなり、耐震補強等による保全が求められている。旧市街全体に目を向けると、建築の高さ規制により旧市街の乱開発を未然に防ぐ等、旧市街の歴史的価値を保全する取組みが進められている。

またリマは、人口や行政機能が集中している割には交通インフラが脆弱である。旧市街には自動車が多く流入し、街の魅力が観光客には感じ難くなっている。交通量の低減策等による交通計画を含めた都市全体のマスタープランといったマクロな施策と、個々の建築の価値を保全するミクロな施策の両輪によって、街の魅力をより醸成していくことが望まれる。

日本の類似土木施設　鎌倉

類似点　昔の城塞（防御）都市

概　要　一一八五（元暦二）年に源頼朝が幕府を開いた鎌倉は、三方を山に囲まれ、一方が海に面する防御上非常に有利な地形をしていた。しかし、人や物資の行き来には不便で、山の稜線を切り開いて道を造った。これが「切通《きりどおし》」と呼ばれるもので、鎌倉への出入り口として交通上だけでなく、戦略上重要な意味を持ち、周辺には有力者の邸宅などが置かれた。重要な七つの切通である「朝夷奈《あさひな》（写真①）」「亀ケ谷坂《かめがやつざか》」「仮粧坂《けわいざか》」「極楽寺坂」「巨福《こぶく》呂坂《ろざか》」「大仏」「名越《なごえ》（写真②）」を「七切通」、または「七口」と呼ぶ。

所在地　神奈川県鎌倉市

①

②

◆現地を訪れるなら◆

リマ市内の交通渋滞は尋常ではない。クラクションを鳴らし、頭を突っ込んだ車が勝つ。運転マナーが悪く、譲り合うことはないし、歩行者は信号を守らず好き勝手に横断する。それで、中心市街地への車の流入規制時の移動手段としてメトロが計画されたらしい。二〇一一年に一号線が営業開始し、順次延伸中のようだ。それほど混まないのだろうか、車内に吊革は設置されていない。

Engineering's Heritage

カパック・ニャン

［ペルー　クスコ／マチュピチュ］

インカ帝国を支えた五万キロメートルの道路網

リャマの通るインカ道

南米では、毛織物で有名なアルパカをはじめ、日本では見られない動物が数多く生息している。アルパカと並び代表的なリャマは、体高一メートルほどのラクダ科の動物で、ペルーでは約一一〇万頭が飼育されている。リャマは食用にもされるが、主に荷役用で、一日に五〇キログラムの荷を二〇キロメートル運ぶことができる。アンデスの高地で輸送業を生業としている牧民が古来からリャマを飼育して仕事に活用。一五世紀のインカ帝国時代には、ほぼ唯一の大量輸送手段で、税として納められたトウモロコシやジャガイモを倉庫に運び、軍需品を運ぶため数千頭ものリャマが戦場まで連れていかれたこともあった。しかし、昨今では自動車に押されて、その利用は盛んではないと言われている。

アンデス高地を縫うように走るカパック・ニャン
（提供：Dirección Desconcentrada de Cultura de Cusco）

草を食むリャマ

インカ道と呼ばれる当時の道路は、多くのリャマをはじめ旅人や軍隊が行き来していた。かつてリャマがインカ帝国全域で飼育されていたように、インカ道も国土全域に張り巡らされていた。その範囲は現在のペルーを含め六か国に跨り、太平洋岸からアンデスの高地を越え、アマゾンの奥地にまで至る、延長五万キロメートルの世界最大規模の道路網であった。場所によってその構造や形状はさまざまで、街なかの細い路地から、砂漠を抜ける幅広の道路、急峻な山道に至るまで多様な姿を見せている。

しかし現在、この道路網は一部を国道等として利用している箇所があるものの、一体的なネットワークとしてはその機能を失っている。なぜ、国中に整備されていた道路網は失われてしまったのだろうか。

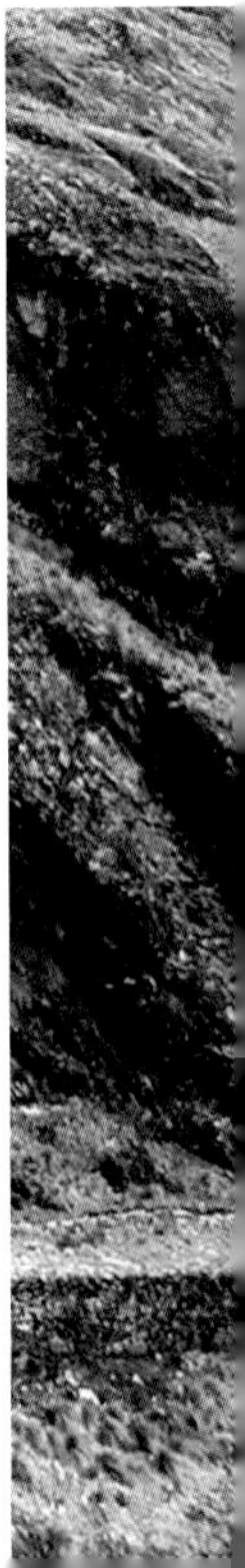

世界遺産、カパック・ニャン

現在のペルー、ボリビア、エクアドル等に跨って存在したインカ帝国は、数多くの遺構を残している。幻の天空都市とも呼ばれるマチュピチュをはじめ、古都クスコなど世界遺産に数多く登録されている。

インカ道は、二〇一四年にペルーで一二番目の世界遺産に選ばれ、かつての現地語であるケチュア語で、王の道を意味する「カパック・ニャン」の呼称で登録されている。この道は、用途に応じて「カパック・ニャン（王の道）」「ハトゥン・ニャン（広い道）」「フチュイ・ニャン（狭い道）」「ルナ・ニャン（庶民の道）」の四つに区分されていたと言われている。

世界遺産として登録されているカパック・ニャンは、これらの総称で、「広義」のカパック・ニャンである。このランク分けは、幹線と枝線としての区分だけでなく、利用上も大きな意味を持ち、狭義のカパック・ニャンは、統治や軍事などの公用で主に利用される道で、一般に広く利用できる道ではなかった。これが、王の道と呼ばれる由縁である。
ちなみに「インカ」もケチュア語だが、これはスペイン征服以降につけられた国名であり、他にも「タワンティスーユ」という呼称がある。これは「四つの地方」という意味で、帝国が四つの地方を統一していたことを示している。

四つの地方を結ぶ十字のネットワーク

帝国の四つの地方は、東がアンティスーユ、北西がチンチャイスーユ、南がコリャスーユ、西がクンティスーユと呼ばれ、クスコを中心にカパック・ニャンがこの四つの地方からなる国土を十字に結んでいる。日本の五街道における日本橋の道路元標のように、四本の道の起点はクスコのアルマス広場にあり、各地方の主要都市をつないでいた。カパック・ニャンは、広大な帝国を一つに束ね、つなぎとめる国土の軸で、帝国の首都だったクスコからの命令を隅々に行きわたらせるためのネットワークであった。「血管のようにつながっていた」とはクスコ文化局の言だが、この道の役割を端的に表現している。

この道路網はすべてがインカ帝国時代に築かれたものではなく、それ以前の道路を吸収統合していったものである。カパック・ニャンの成立時期は明確ではないが、インカ帝国は一五世紀半ばに拡大をはじめ、一五三二年

6カ国にまたがるインカ道のネットワーク（現地説明板）

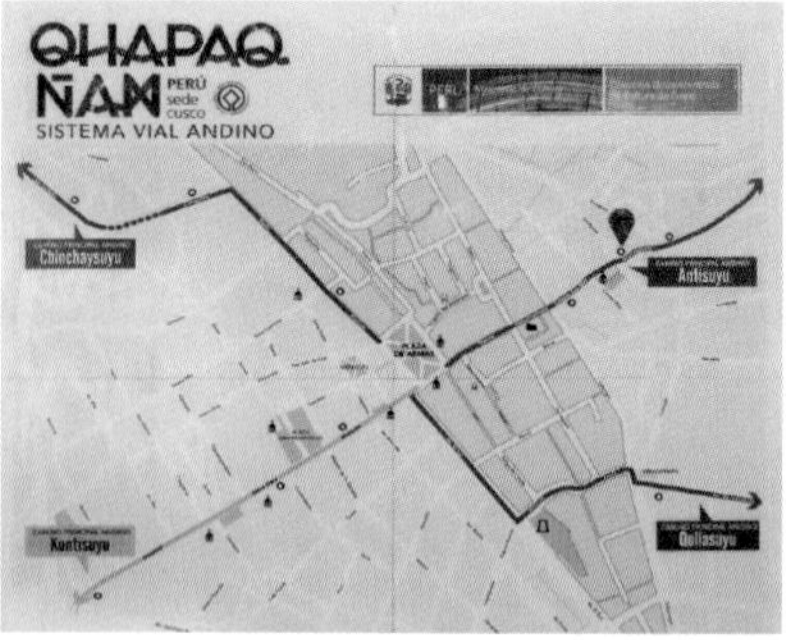

アルマス広場を起点とする4本のカパック・ニャン（現地説明板）

まっすぐにクスコ方向に延びるカパック・ニャン

のスペイン侵略に至るまでの約一世紀が最盛期であり、その間に成立したものと考えられる。

ネットワークを支えたチャスキ、タンボ、コルカ

この道路網には、その機能を果たすためにさまざまな設備や仕組みが備わっていた。

例えば、チャスキと呼ばれる公設の飛脚である。情報を迅速にクスコに届けるためのシステムで、五キロメートルの間隔をおいて道沿いに駅が設けられ、そこには常時二名の飛脚が駐在していた。文字を持たないインカ帝国では、キープと呼ばれる紐の束が情報伝達に使われ、彼らはキープを次から次に引き継いで情報を伝えていった。その速度は駅間を一五分、時速二〇キロメートルに達したとも言われている。

また、タンボと呼ばれる宿場が道沿い三〇キロメートルごとに設置され、皇帝の農地で収穫されたジャガイモ等を収蔵するコルカと呼ぶ倉庫を備え、旅人や兵士に物資を供給していた。

まっすぐな道と難所を越える技術

クスコ近郊の標高約三六〇〇メートルの地に、カパック・ニャンの一部が残されている。延長約八〇〇メートル、幅四、五メートルの道路で、現在は路面が草に覆われて日常的に利用されてはいないが、その場所に立ってみると、道路は極めてまっすぐにクスコ市街に向かって伸びていることがわかる。

このまっすぐな線形は、カパック・ニャンの特徴の一つとされている。もちろん距離を考えれば道路は極力直線が望ましいが、地形上工事が困難であったり、急勾配で動きにくくなることもある。古代の道路であるローマ街道や、日本の律令時代の道路も同様に直線が多いと言われているが、これらに比べ、カパック・ニャンは特に直線性を保ちやすい環境にあった。それは、インカには車輪も馬もなかったことによる。通行は人やリャマなどの駄獣に限られていたため、道路は勾配を気にせず直線で引くことができ、勾配は階段部分を含め四〇~八〇度まで可能であったと言われている。

また道路の築造には、アンデスの急峻な地形を克服するためにさまざまな技術が用いられた。凸凹の多い斜面では山肌を切り盛りして平坦にし、湿地帯を抜けるため

に周りを石で囲ったうえで路盤を嵩上げする手法などが用いられた。橋も多く、狭い川を越える一枚岩の橋や大規模な谷間を抜ける縄で結った橋が造られた。

　さらに多くの区間において、ぬかるみを防ぐ石畳舗装や道路が崩壊しないよう排水溝が備えられ、さらに道路の両側に擁壁が設けられている点も特徴である。擁壁は輸送に用いるリャマの群れがはぐれたり、転落しないように整備されたものである。一、二頭であれば問題はないが、数千頭を同時に通行させる場合、輸送の安全性と確実性を保つためには必要だったのだろう。

マチュピチュのカパック・ニャン（ハトゥン・ニャン）

　インカの道路築造の技術がわかるのが、マチュピチュ周辺である。マチュピチュは、ウルバンバ川に三方を囲まれた急峻な丘の上の街であり、宗教都市であったと言われている。クスコからアマゾン地方に抜ける場所に位置し、ウルバンバ川はアマゾン川に合流し、最終的に大西洋に注ぎ込む河川であるため、クスコから見ると下流側にあたる。

　マチュピチュには、複数のカパック・ニャンが通り、現在一部がマチュピチュに至るトレッキングコースとして旅行者に利用されている。これらは広義のカパック・ニャンであり、ランクとしては狭義のカパック・ニャンの下のハトゥン・ニャンにあたる。

縄で結った橋
（提供：Dirección Desconcentrada de Cultura de Cusco）

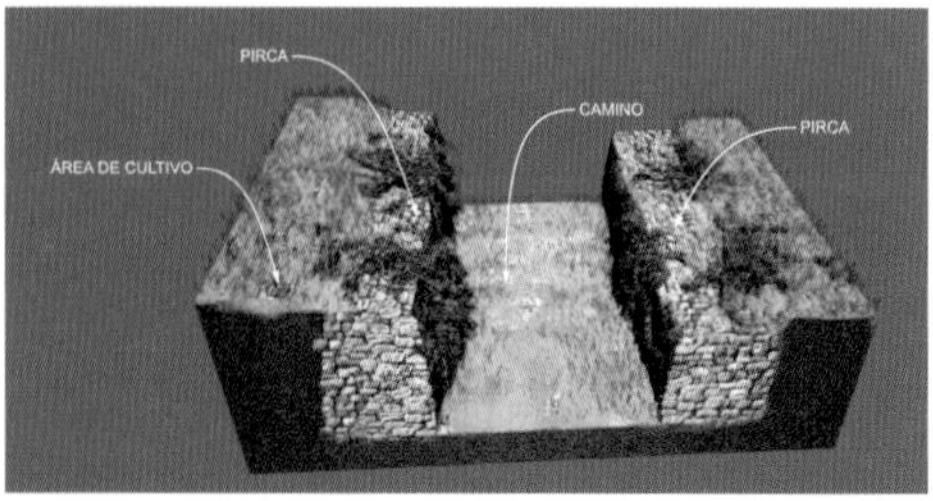

切通し区間の道路構造
（提供：Dirección Desconcentrada de Cultura de Cusco）

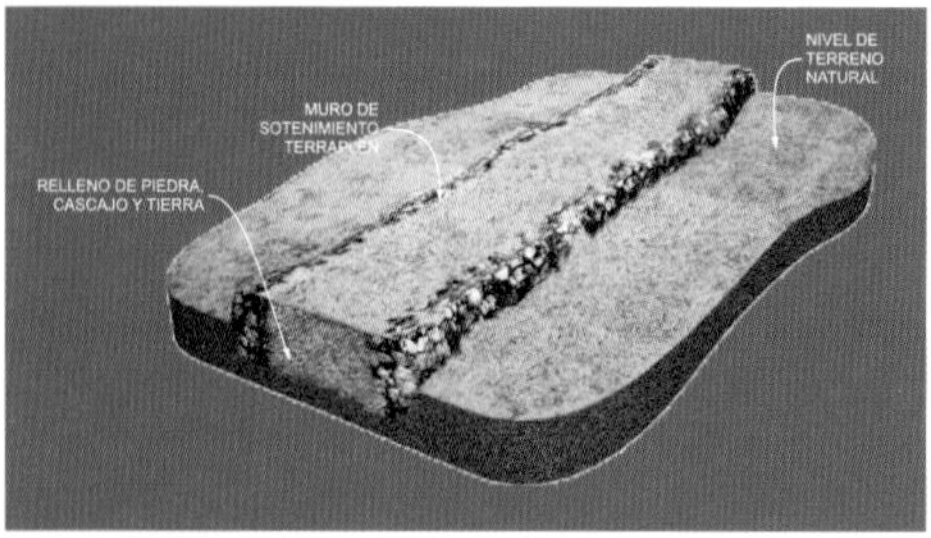

嵩上げ区間の道路構造
（提供：Dirección Desconcentrada de Cultura de Cusco）

加工した石材を自然の山肌に積み上げた
カパック・ニャンの基礎

マチュピチュのカパック・ニャン

そのなかでもインカ橋と通称される箇所に至る一本は、まさに山の中腹の断崖絶壁に整備された道であり、一見するだけで当時の工事の厳しさを想像することができる。この道では、基礎部分は自然の山肌を利用し、自然石の上に加工した石材を積み上げて絶壁での道路空間を確保している。この自然石と加工した石材を組み合わせる技法は、マチュピチュの遺跡の中やアンデネス（段々畑）でも使われ、インカの石加工の技術があってこその道だと言える。

この断崖の道は、山の中腹を同程度の高さで貫いて造られているため、山を上り下りして越えるよりもはるかに通行は容易だったはずである。マチュピチュは山の上に造られた都市で、いまでは専用バスでつづら折りの山道を登らないとたどりつけない。しかし山中に造られた街道から来る人は、街より高い位置にある入口から入ることになる。往時の帝国の人々が見たマチュピチュは山の上に見上げる都市ではなく、カパック・ニャンから眼下に見渡す都市だったのだ。

カパック・ニャンのその後

インカ帝国を支えてきた広大な道路ネットワークも、スペイン統治時代の文明の変化に抗しきれず、その姿を変容させていった。スペインは、侵略の際にこの道路網を通行し、道々のコルカの物資を活用した。しかし、征服後はそのシステムを引き継がず、チャスキやタンボなどのカパック・ニャンの持つシステムは、帝国の崩壊とともに失われていったのである。

さらに車輪や馬の導入により、徒歩やリャマでの行き来を前提としていたカパック・ニャンは利用できなくなっていった。システム面でも、交通手段でも利用に適さなくなった道路ネットワークは失われ、代わって新たに車輪や馬、そして自動車での移動を前提とした道路ネットワークがその役割を担うようになっていったのである。

かつて重要な都市であったマチュピチュが幻の都市となったのも、道路ネットワークの変化に取り残されたためではないだろうか。現在でも、マチュピチュにはクスコなど周辺の地域から自動車では行けず、アクセス手段はカパック・ニャンか、二〇世紀に入ってから敷設された鉄道に限られている。

しかし世界遺産の登録以降、カパック・ニャンの復活に向けた取り組みが関係諸国により進められている。それは、道路の調査や補修、吊橋の架け替えといった整備だけでなく、ファエーナと呼ばれる共同作業による道路の清掃活動やチャスキを模したレースの開催など、文化的な側面にも積極的に取り組んでいる。道路をはじめとした人々の生活に関わりの深い土木遺産は、その背景としての歴史や伝統習慣も含めた、渾然一体の遺産である。カパック・ニャンは、このような取り組みを続けることで、その価値を今後一層高めていくことは間違いない。マチュピチュやクスコを訪れるなら、目の前の遺跡や景色だけでなく、ぜひ足元にも思いを馳せていただきたい。

カパック・ニャンから見下ろすマチュピチュ遺跡

日本の類似土木施設　山の辺の道

類似点　古い街道

概　要　三輪から奈良へ通じる古道が『日本書紀』にその名が残る「山の辺の道」だ。歴史に登場する道路のなかで最古の道と呼ばれている。現在、その道をはっきりと跡づけることはできないが、奈良県海柘榴市《つばいち》から三輪、景行、崇神陵を経て、石上から北上する道と考えられている。延長二六キロメートルあり、なかでも大部分が東海道自然歩道に指定されている桜井駅から天理駅までの約一六キロメートルが、古代の面影を残すハイキングコースとして親しまれている。沿道には、陵墓や古墳、遺跡、古い社寺が多い。

所在地　奈良県天理市石上／桜井市三輪

（提供：矢野建彦／一般財団法人奈良県ビジターズビューロー）

（提供：一般財団法人奈良県ビジターズビューロー）

◆現地を訪れるなら◆

インカ帝国最大の都市であった標高三四〇〇メートルのクスコの町を歩くと、あちこちに石組みを用いた石壁や石畳道を見ることがでる。宗教美術博物館となっている建物を囲む石壁には、有名な「一二角の石」がある。また、ここではカラフルな民族衣装を着ている人々もたくさん見かける。たまに、写真を撮らせてお金を要求する商売人もいるので気をつけたい。

Engineering's Heritage

［ブラジル リオデジャネイロ］ボンジーニョ 一〇〇年続くロープウェイ

奇岩からの絶景へいざなうロープウェイ

「リオのカーニバル」で有名な、ブラジルはリオデジャネイロ。二〇一六年八月には、南米大陸で初めての第三一回夏季オリンピックが開催された。ブラジル南東部のリオデジャネイロ州の州都で、一九六〇年までは首都でもあった。グアナバラ湾に面し、世界三大美港の一つに数えられる風光明美な国際観光都市である。

その湾に突き出す半島には、形が砂糖パンに似ているところから「ポン・デ・アスーカル」と呼ばれる標高三九六メートルの奇岩がある。英語で「シュガーローフ」と言う。片麻岩の一枚岩でできた山頂からの眺望が素晴らしい。旅行者が訪れるには、麓からウルカの丘を経由した二つのロープウェイを乗り継いでしか行くことはできない。

世界で三番目に古いこのロープウェイは、二〇一二年一〇月二七日に開通一〇〇周年を迎えた。ゴンドラの形が、当時、市内を走っていた路面電車「ボンジーニョ」に似ていたため、同じ愛称がついたのだ。開業以来、事故もなく運行され、リオデジャネイロの名所の一つで世界遺産にも指定された。

この一〇〇年でボンジーニョの乗客は延べ四〇〇〇万人を超え、アメリカ大統領ケネディやローマ教皇ヨハネ・パウロ二世もそのうちの一人だ。いまでも昼夜を問わず多くの旅行者が訪れる。ロープウェイの営業は、未開の地に道路を造り、専用バスを運行させているようなものだ。なぜ、一〇〇年もの長きにわたり運行され続けることができたのだろうか。

奇想天外なアイデア

ポルトガル語で「一月の川」という意味のリオデジャネイロ。しかし、大きな川が流れているわけではない。一五〇二年にこの地を発見したポルトガルの艦隊が、グアナバラ湾を河口と勘違いしたことに由来する。艦隊は、ブラジルの海岸を調査して地勢を記録した。その際、奇岩「ポン・デ・アスーカル」は、グアナバラ湾の入り口の目印になった。湾は嵐から艦隊を守り、食料や水の補給港でもあった。

一五六五年三月一日、ポルトガルはこの自然の目印の麓にリオデジャネイロを創建した。ウルカの丘は、出入港する船を監視するには都合よく、街の防御に適した地形でもあったことが理由だ。屹立するポン・デ・アスーカルの壮麗さは多くの旅行者を魅了し、登山家はこの山の頂上を目指した。一八一七年、イギリスの婦人ヘンリエッタ・カーステアズによってその偉業が達成された。その後、一八二二年にブラジルは、ポルトガルから独立を果たす。

二〇世紀になると、ブラジル政府はリオデジャネイロの都市改造に着手し、都市計画の専門家のフランシスコ・ペレイラ・パソスに依頼。そして投資を促すため、一九〇八年に国際展示会を開催した。折しもこの年、日本からのブラジルへの移民が始まっている。

この展示会のパビリオン建設に従事していた一八六〇年生まれのエンジニア、アウグスト・フェレイラ・ラモスは、会場の背景となった印象的なポン・デ・アスーカルに着目していた。ヨーロッパで稼働したばかりのロープウェイの存在を知っていたラモスは、麓と山頂をロープウェイで結ぶという、奇想天外なアイデアを思いついた。実現すれば、誰もが簡単に山頂に登って素晴らしい

ポン・デ・アスーカルに到着するボンジーニョ。奥はコパカバーナ海岸

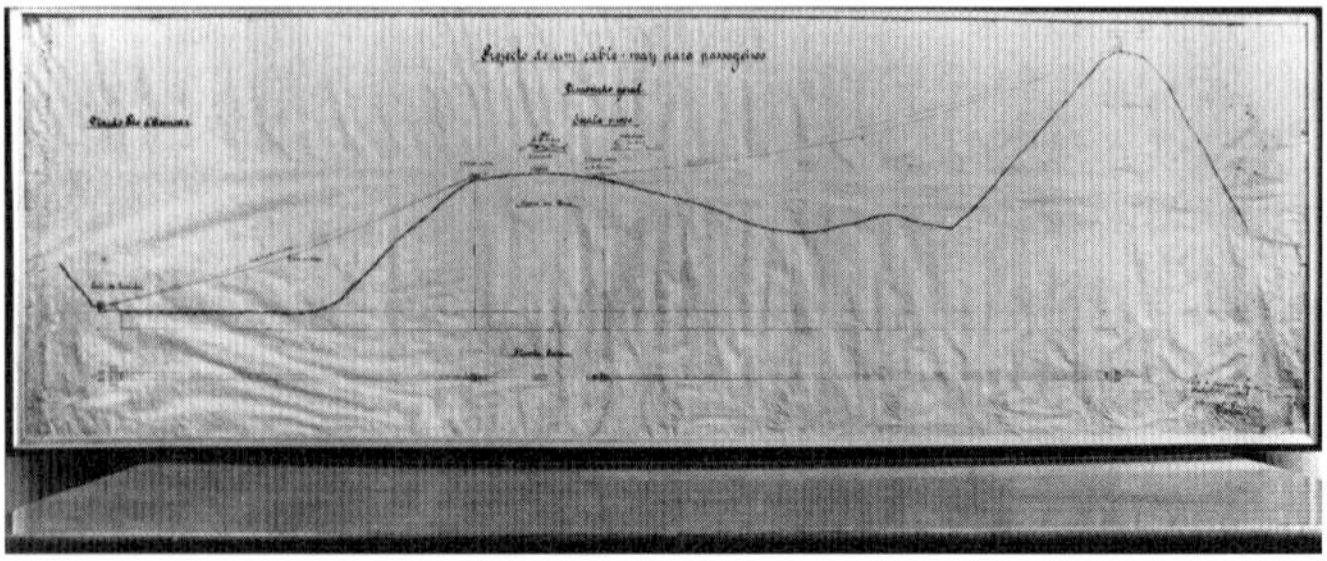

1909年に市長に承認されたロープウェイ計画図
（提供：Companhia Caminho Aéreo Pão de Açúcar）

アウグスト・フェレイラ・ラモスの胸像

ウルカの丘とポン・デ・アスーカル間の検査
（提供：Companhia Caminho Aéreo Pão de Açúcar）

ポン・デ・アスーカル駅の工事（提供：Companhia Caminho Aéreo Pão de Açúcar）

景観を楽しむことができる。

　このロープウェイ計画に対して、エンジニア仲間からは嘲笑され、多くの懐疑論が出された。しかし一九〇九年、ラモスとその友人たちはポン・デ・アスーカル索道会社を設立したのである。当時、ロープウェイはスペインとスイスの二か所にしかなかった。

ボンジーニョの誕生

　一九〇九年から始まった工事では、ブラジルとポルトガルの労働者が一緒に働いた。最初のケーブル敷設のために、ウルカの丘とポン・デ・アスーカルの麓にパイロット・ケーブルが運ばれた。一つのチームが長いロープを持ち、ウルカの丘では森の道を通って山を登り、ポン・デ・アスーカルの岩肌をよじ登った。そして、投げ落とされたロープにパイロット・ケーブルが結ばれた後、山頂に設置した手動巻き上げ機で引き上げてケーブルを設置しはじめた。コンクリート構造の山頂駅舎や展望エリア等を造るためには岩盤を一・五メートル掘り、直接、基礎を構築した。これらは、すべて人力による。

三年後、市南部のベルメーリョからウルカの丘までの五二八メートルのロープウェイが完成し、一九一二年一〇月二七日に運行を開始した。多くの市民が関心を寄せ、初日は五七七人を運んだ。翌年、ウルカの丘からポン・デ・アスーカルまでの七五〇メートルが結ばれ、一月一八日に運行が始まった。この日、近づき難いと思われていたポン・デ・アスーカルの山頂に四四九人が降り立った。当時の黄色い木製ボンジーニョは二二人乗りで、七五馬力（五五キロワット）の電気モーターを使用し、毎秒約二メートルの速度で、一日当たり最大二一〇〇人運ぶことができた。所要時間は、麓からウルカの丘までが四分、ウルカの丘からポン・デ・アスーカルまでは六分であった。

　この完成によってラモスは夢を実現し、懐疑論者を沈黙させて、ブラジルのエンジニアの実力を証明してみせたのである。

ロープウェイ開通初期
（提供：Companhia Caminho Aéreo Pão de Açúcar）

ポン・デ・アスーカル駅のリニューアル工事
（提供：Companhia Caminho Aéreo Pão de Açúcar）

麓のベルメーリョ駅

リニューアル

第二次世界大戦中は、旅行者が減少した。また、ロープウェイシステムが時代遅れになり、メンテナンスや点検調査等に多大な費用が発生するようになってきた。そのようななか、一九六二年にエンジニアのクリストファー・レイテ・デ・カストロが社長に就任。彼は、リオデジャネイロへの旅行者が今後増加すると予測し、ロープウェイをリニューアルすることを決定した。

一九七二年一〇月に複線化が行われ、リニューアルしたロープウェイは、ケーブルやボンジーニョも取り替えられた。約一か月の移行期間中は、新旧二つのシステムが併用された。新たなボンジーニョは縦六メートル、横三メートルで四枚の透明なアクリルガラスに覆われたジュラルミン構造のイタリア製であった。一度に七五人運べることで、輸送人員は一時間当たり一一五人から一三〇〇人へと大幅に増強された。二〇〇九年、安全のために一人当たりの基準体重が改訂され、設備は変更ないまま、定員だけが六五人に下がった。二〇一二年には、スイス製の新しいゴンドラに変わった。

開通時（左）とリニューアル時（右）のボンジーニョ

有名なシーンの舞台として

一九六七年、ドイツ人の兄弟がウルカの丘とポン・デ・アスーカル間のトラックケーブルをモーターバイクで渡った。また、一九七七年にはアメリカの綱渡り師スティーブン・マックピークが、長さ九メートルの金属棒でバランスを取りながら横断に成功した。さらに、一九七九年公開の英国映画『００７ムーンレイカー』では、主人公のジェームス・ボンドが名悪役の巨漢ジョーズとボンジーニョで立ち回りを演じ、世界的に知名度が上がり、ロープウェイの評価を高めた。撮影時には危険なイメージを持たれないように、ぶつかってもゴンドラの窓が割れないなどの条件を付けたようだ。

現在のロープウェイシステム

ロープウェイには、トラックケーブルとトラクションケーブルの二種類が、二本ずつ上下線に張られている。トラックケーブルは、ボンジーニョがぶら下がるためのもので、九二本の鋼線を束ねた直径五〇ミリメートルのものを一五〜三〇年間使う。ボンジーニョを引くためのトラクションケーブルは、使用開始後二週間ほどは少し伸びるが、その後は変化しない。このケーブルは五〜一〇年間使用する。ケーブルの検査は、毎年実施されている。

リニューアル以降、使い続けている動力システムには、すぐ横にバックアップシステムが存在する。一週間に一回は作動検査を行っているが、まだ、一度も使われたことはない。

ボンジーニョは、最大二〇分間隔で運行が可能である。速度も調整可能で、麓からウルカの丘までは最大毎秒六メートル、ウルカの丘からポン・デ・アスーカルまでは最大毎秒一〇メートルの速度で、どちらも所要時間は三分である。

さまざまな安全装置を備えているロープウェイは、毎朝、運行前に点検を行い、異常がないか確認している。風速が秒速約一八メートル以上の場合は運行中止となるが、過去に止まった回数は多くないようだ。

ボンジーニョが途中で立ち往生した場合は、ロープで乗客を降ろすか、別のゴンドラが迎えにいくかの二つの方法がある。幸いなことに、これまで一度も出番はない。

一〇〇年もの長きにわたり運行が続いているのは、世代が交代しても、安全に配慮し維持管理を怠りなく、システムや施設を更新して、常に新たな挑戦をし続けてきたことに他ならない。今後もそれは続けられていく。「ここで働くことは楽しい」という若手エンジニアの言葉が印象的だ。

旅行者を支えるライフライン

旅行者の増加に伴い、上下水道、電気システム、荷の輸送、観光客に対するサービスの改善などが行われている。ボンジーニョの両側には、荷物運搬専用のロープウェイが別に設置されている。また、同じケーブルを使った給水システムもあり、ケーブルにパイプを添架して麓から水を圧送している。下水道はこれまで、山肌に沿って下水管を這わせて麓に送っていたが、給水同様のパイプが施工された。さらに、細い電気用のケーブルも併設されており、これらは二〇一六年には更新された。

動かざること山の如し

ウルカの丘周囲には車椅子で回れるスロープがあり、展望エリアの段差解消に車椅子用の斜め昇降機が設置された。ブラジル国有地であるこの地域への植林も行われている。二〇〇九年には資料館がオープン。広場に展示されているかつてのボンジーニョ脇には二人のエンジニア、ラモスとカストロの像が立つ。また、ウルカの丘からレメ地区にあるバビロニアを結ぶ新路線を造る構想もあるようだ。

ポン・デ・アスーカルの山頂には、隣のニテロイから小学生たちが社会科見学に来ていた。観光シーズンともなると、チケット売り場は長蛇の列になるという。

この一〇〇年で、周辺環境は大きく変わってきた。しかし「動かざること山の如し」と言われるように、ボンジーニョはポン・デ・アスーカルとともにしっかりと大地に足を据えて、今後も人々を運び続けていくことだろう。

ウルカの丘駅周辺の展望エリア

ウルカの丘駅の動力室

ポン・デ・アスーカル駅を望む

日本の類似土木施設　函館山ロープウェイ

類似点　海岸を望むロープウェイ

概　要　北海道函館市にある函館山は、標高三三四メートル。牛が寝そべっているように見えることから臥牛山《がぎゅうざん》とも呼ばれる夜景の名所だ。一九五八（昭和三三）年、その函館山にロープウェイが開通。日本では珍しいフランスのポマガルスキー社の技術を導入し、日本初の支索端固定式を取り入れた三線交走式である。自然に配慮し、支柱のないシンプルな構造もこのロープウェイの魅力だ。現在のゴンドラは、五代目で一二五人乗り。トップスピードは秒速七メートルで、山麓から山頂まで索道傾斜長八三五メートル、高低差二七九メートルの距離を約三分で結ぶ。

所在地　北海道函館市

◆現地を訪れるなら◆

リオデジャネイロの標高七一〇メートルのコルコバードの丘に立つ、誰もが見たことがあるキリスト像は、一九三一年にブラジル独立一〇〇周年を記念して建てられた。両腕を広げているのは、ブラジルの人々が温かい心を持つ証であるらしい。高さ約四〇メートル、左右三〇メートル、重さは六三五トン。混雑はするが、一八八四年にできた登山電車で行くのがお勧めだ。

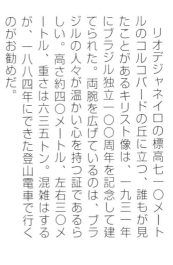

Engineering's Heritage

［ブラジル　リオデジャネイロ］カリオカ水道橋

路面電車が走る古代ローマ様式の水道橋

リオデジャネイロに造られたリスボンの水道橋

二〇一四年七月にＦＩＦＡワールドカップが、二〇一六年八月には第三一回夏季オリンピックが開催されたブラジルのリオデジャネイロ。街のシンボルのキリスト像で知られ、主要地域が一望できるコルコバードの丘、そしてコパカバーナ海岸を含むグアナバラ湾周辺は、「山と海に囲まれたカリオカの景観群」として、二〇一二年に世界遺産に登録された。世界有数の観光都市でもある。

中心市街地には、一九七六年に完成した円錐形のステンドグラスが美しいメトロポリタン大聖堂があり、さらにそのすぐ側にあるのが街のシンボルの一つとして親しまれているカリオカ水道橋である。カリオカとは、ポルトガル語で「リオデジャネイロ市出身の人」という意味である。カリオカ水道橋は、ブラジルがまだポルトガルの植民地だった時代に、郊外の水源地から中心市街地の住民に水を供給するため、ポルトガルの首都リスボンの「自由の水水道橋」を模して、一七五〇年に建設されたローマ様式の石造りの水道橋である。しかし、いまの水道橋には黄色い路面電車が走っている。なぜ、路面電車が走っているのだろうか。

リオデジャネイロの歴史

カリオカ水道橋の建設に至る背景には、往時のリオデジャネイロを取り巻く植民地としての歴史的影響が強い。

当時の南米大陸は、スペインとポルトガルによる覇権争いの真っただ中にあった。やがて一四九四年に、スペインとポルトガル間で『トルデシリャス条約』が締結され、新大陸の所有をめぐる両国間の問題は、カーボ・ベルデ諸島の西一七七六キロメートル（三七〇リーグ）の海上で子午線に沿った西経四六度三七分の東をポルトガ

カリオカ水道橋と大聖堂

ル、西をスペインが領有することで解決した。この境界線は南米大陸の東を縦断しており、ブラジル最初の国境を形成している。ブラジルが、ポルトガル人のペドロ・アルバレス・カブラルによって認知されたのは、この条約締結から六年後の一五〇〇年の初頭になってからである。

一八〇八年にナポレオン軍がポルトガルに侵攻したことで、リスボンのポルトガル王室はリオデジャネイロに移り、翌年にポルトガル・ブラジル連合王国の首都となった。ポルトガル王室は一八二一年に帰還したが、王子ドン・ペドロはブラジルに残った。その約一年後の一八二二年九月、王子はブラジル帝国の独立を宣言し、同年一二月、ドン・ペドロ一世と称して皇帝の地位に就いた。ポルトガルからのブラジルの独立紛争は、イギリスが間に入ったこともあり、ほとんど交渉のみで解決している。

一八五四年には、ブラジル初の鉄道が一四キロメートル建設され、ガス燈や電信、上下水道といったインフラの整備も始まった。一八八九年に、帝政から共和制に移行したものの、リオデジャネイロは引き続きブラジル連邦共和国の首都であった。

因みに、いまでこそブラジルの主要産業であるコーヒー栽培は、一八世紀にフランス領ギアナから初めてブ

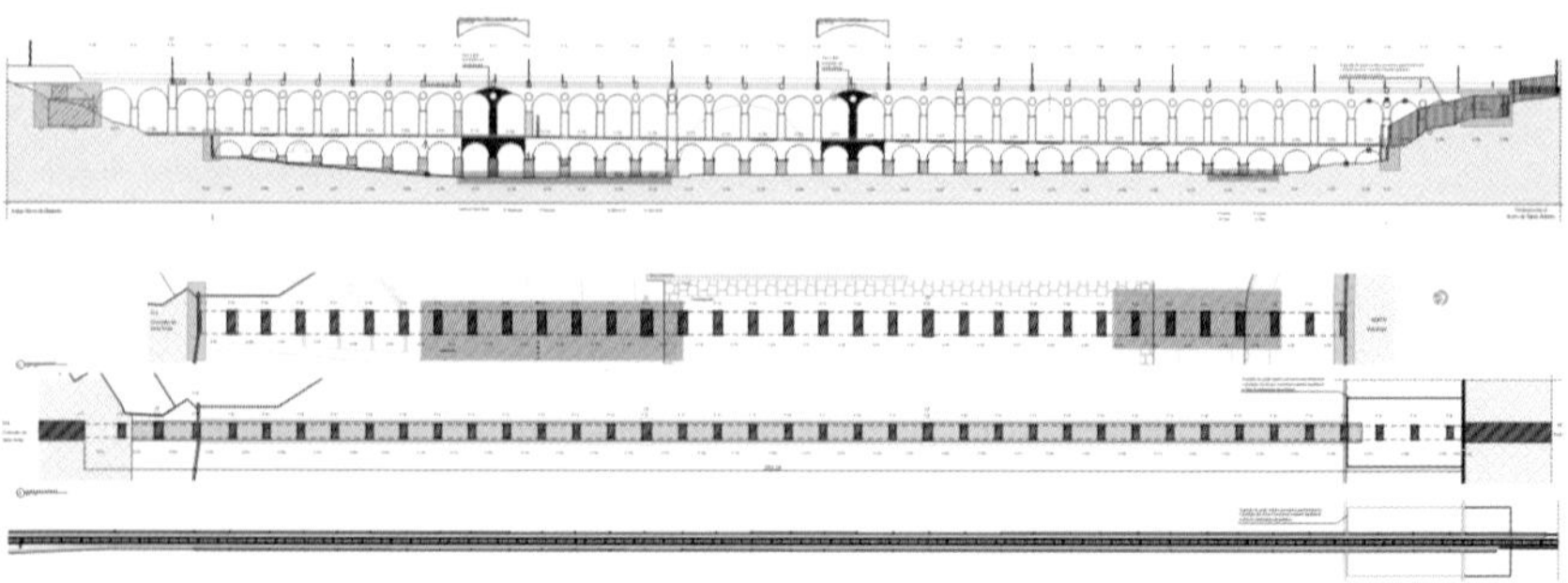

カリオカ水道橋一般図（出典：Iphan）

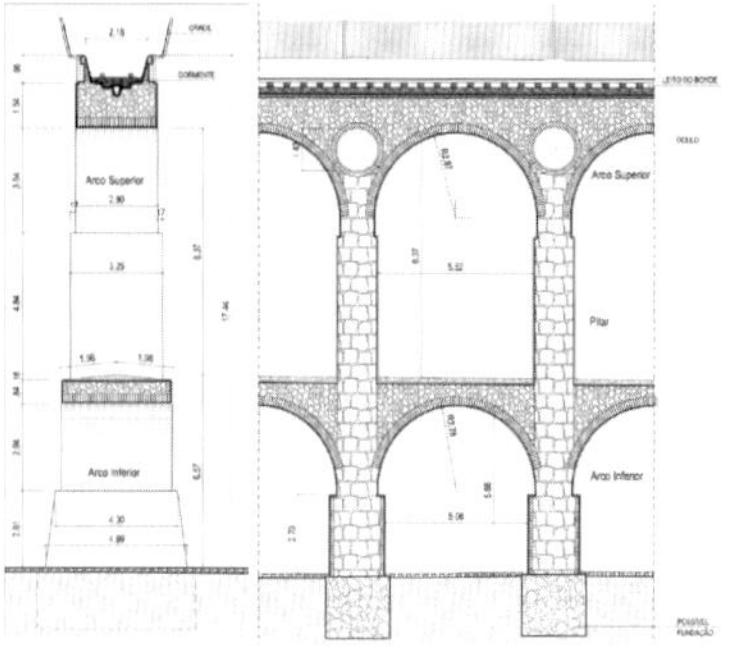

カリオカ水道橋の構造図（出典：Iphan）

カリオカ水道橋から続く給水施設（1834年完成）
（出典：Iphan）

ラジルにもたらされものである。初期のコーヒー農園は、奴隷の労働力が豊富なリオデジャネイロの奥地にあった。一九世紀後半の奴隷制廃止、およびヨーロッパからサンパウロ州への移民の流入などにより、コーヒー栽培は土壌や気候、高度などがより好条件のブラジル南部へと広がっていったとされる。

カリオカ水道橋の建設

カリオカ水道橋は、ポルトガル植民地時代の街の発展に最も寄与した重要な土木事業の一つであった。

リオデジャネイロは、質の悪い水と沼地によって囲まれ、新鮮な水を確保することが望まれていた。そこで、市郊外のチジューカの森に流れているカリオカ川の水を中心市街地の住民に供給する計画が持ち上がった。建設計画は一七世紀初頭から練られていたが、一〇〇年以上経った一七一九年にようやく建設が開始された。一七二三年になって水道橋と異なったルートで水道管が敷設されたが、構造的な欠陥なのか、すぐに使えなくなり、再度水道施設を建設することとなった。そして一七五〇年に、古代ローマの水道橋を模した現在の橋が建設されたのである。

　水道橋建設にあたっては、周辺の沼地を埋め立てて用地を確保した。このため、水道橋の橋脚の直接基礎は支持力を得るため一・五メートルの深さとなっている。建設は、准将のホセ・フェルナンデス・ピント・ラクナウの指揮で進められ、全長二七〇メートル、幅約三・〇メートル、高さ一七・六メートル、橋のすぐ下流となる現在のカリオカ広場に新設された給水口まで、六・六キロメートルの距離を水を通すために上部アーチの平均高約八・五メートルの四二連の二重アーチとして完成した。これは、ラパ地区にあるため、ラパ・アーチとも呼ばれている。吸水口は一八三四年に一六か所に改築され、さらに一八九二年には三六か所

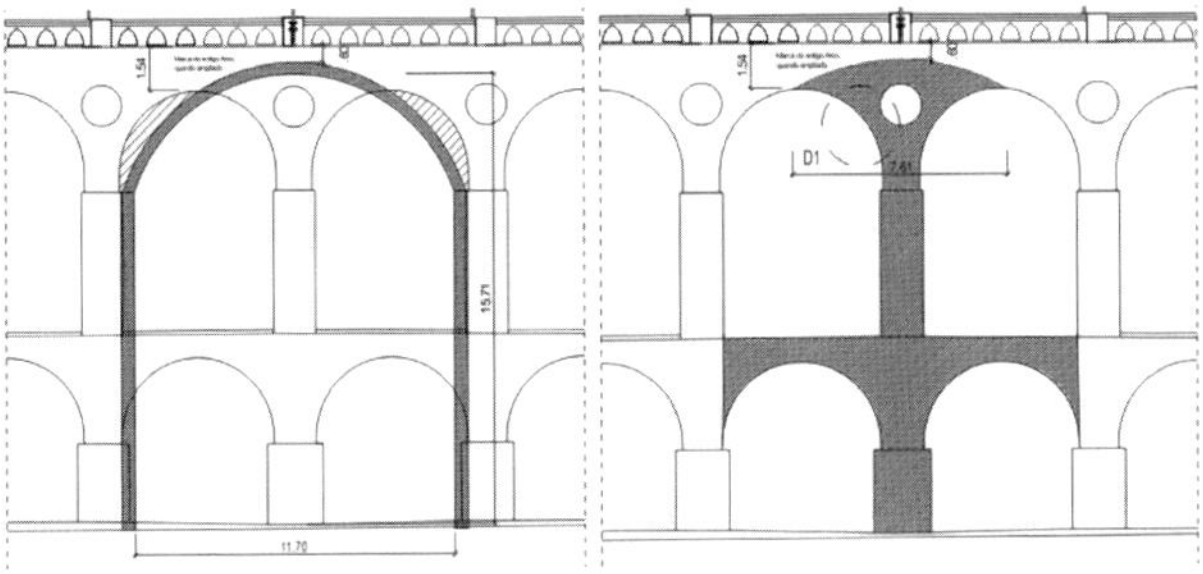

支柱撤去部の構造図（出典：Iphan）

にまで改良された。水は市民に提供するだけでなく、船へも供給するため、水路が港の桟橋まで延伸されていた。

　水路の形状は、鳥の糞などによる汚染を防ぐために開水路ではなく、パイプを使っていた。当時の資料で鉛を購入した記録から、砕石の詰まっている部分に鉛製のパイプを設置していたようだ。

水道橋から鉄道橋へ

　一九世紀後半になると、市内の水道供給網の整備が進んだことから、橋は水路としては利用されなくなった。そのため、街のシンボルであったカリオカ水道橋は、サンタ・テレーザと中心街を結ぶ路面電車の陸橋として活用されるようになった。

　一八五九年に開業した路面電車の動力は、当初、ロバであった。その後、蒸気、電気へと変わっていくことと

なる。

一八七二年、カリオカ水道橋周辺の交通を確保することを目的に、二重アーチの橋脚を一本撤去して橋脚間を倍に広げるための工事が行われた。さらに一九四五年には、同じ理由で別の橋脚を撤去した。しかし、この二か所の橋脚部分は、景観の観点から一九八〇年代になって鉄筋コンクリートで復元され

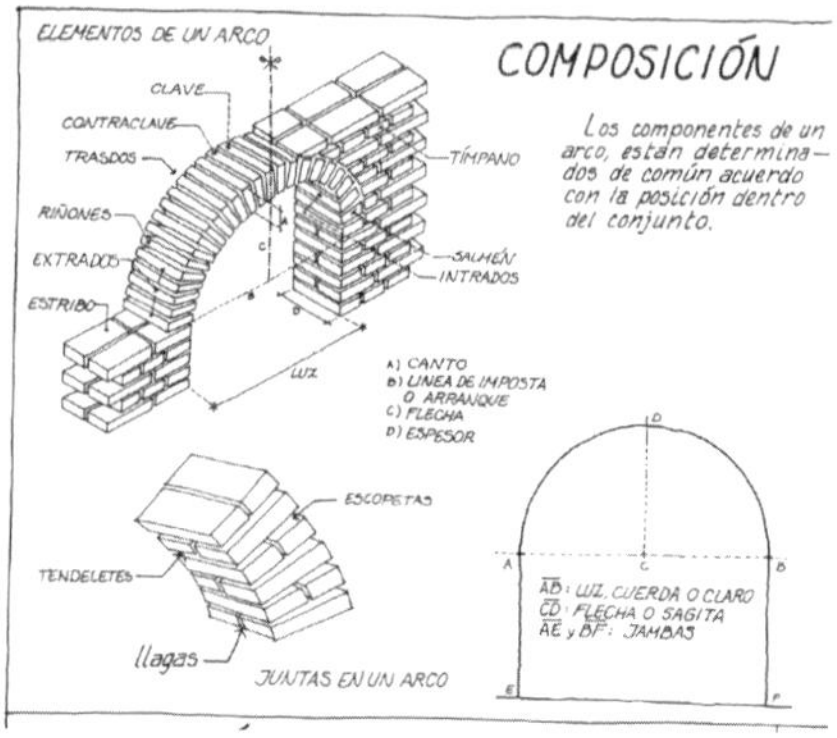

アーチ部の検討図（出典：Iphan）

橋脚間にあった住居（左）（出典：Iphan）と現在の同じ場所（右）

ている。
一九五〇年頃までは、アーチの下の空間には商店や住居があった。この建築は違法ではなかったようだが、どのように許可されたかは不明で、後年、周辺の整備を行うため撤去されたらしい。
二〇一〇〜一一年には水道橋の保全を図るため、ブラジル文化遺産の保全を担っている組織ＩＰＨＡＮが中心となって改修が行われた。水路から電車へ変更するにあたって、当時の資料がないため設計方法や補強の有無、工法などの技術的に不明な点が多かった。このため、維持・補修工事にあたっては、多くの仮定をもとに検討が進められた。白く塗り直されているのは、昔から白がシンボルとなっているためで、石の保護も考慮されている。
補修のための調査の結果、使用した煉瓦は長さ三〇センチメートル、幅一五センチメートル、高さ七センチメートル、外側に六センチメートルの石膏が塗られてあった。軌道断面には三〇センチメートル×五〇セ

ンチメートル程度の窪みがあり、現在は排水溝として利用されているが、当時は水路として用いられ、水道橋の規模に比べると通水量が少ないように感じられる。

当時、水源となったカリオカ川は、現在、チジューカの森では小さな渓谷の状態で残っているが、市街地においては蓋が掛けられて暗渠となってフラメンコ海岸からグアナバラ湾口へ流れ込んでいる。また、暗渠部については、グアナバラ湾と同様に水質が問題となっている。

事故を経て、新型車で復活

二〇一一年八月二七日、サンタ・テレーザの丘からカリオカに向けて下っていた路面電車が、カーブを曲がりきれず脱線し横転した。この事故で運転士を含む五名が死亡。計六二名の死傷者を数えた。その後、安全が確保されるまで運行が中止されていた。

試運転中の路面電車内

二〇一五年七月、新しい路面電車の試運転が開始され、二駅区間約九〇〇メートルを三〇分おきに無料運行している。試運転区間では、多くの観光客と地元住民が利用していた。道端で、手を挙げた人も乗せていた。

新型車は、近代的なコントロールパネル、電子制御の駆動システム、格納式ランニングボード（降りる時の踏み板）を有することに加え、低消費電力化、ダイナミック磁気ブレーキシステムが装備され、グラスファイバーでコーティングされたスチールフレームで車体を強化している。また、立乗りは危険なため、木製ベンチの定員三二人以下で運行し、安全性を確保している。

リオデジャネイロのこれから

カリオカ水道橋周辺では最近、大規

模なイベント施設やマンションが建設され、ライブハウスやレストランのほか、週末の夜ともなると鮮やかなネオンがきらめき、大勢の人々で賑わっている。しかし、この安全で楽しい雰囲気は警察による重点的な警備のおかげで、カリオカ水道橋周辺に警察官がいない時には、荷物を持った観光客は立ち入らない方がよいと言われている。

ブラジルのＧＤＰは、世界第七位で日本の約半分、イタリアと同等で、道路・鉄道などのインフラ整備が進められているが、経済状況は厳しく、思うように進んでいない。しかしオリンピック、パラリンピックなどの国際イベントを経て、賑やかさを取り戻した国際観光都市として、さらなる発展が期待されている。

軌道敷となっているカリオカ水道橋の橋面

カリオカ水道橋の全景（左上が下流側）

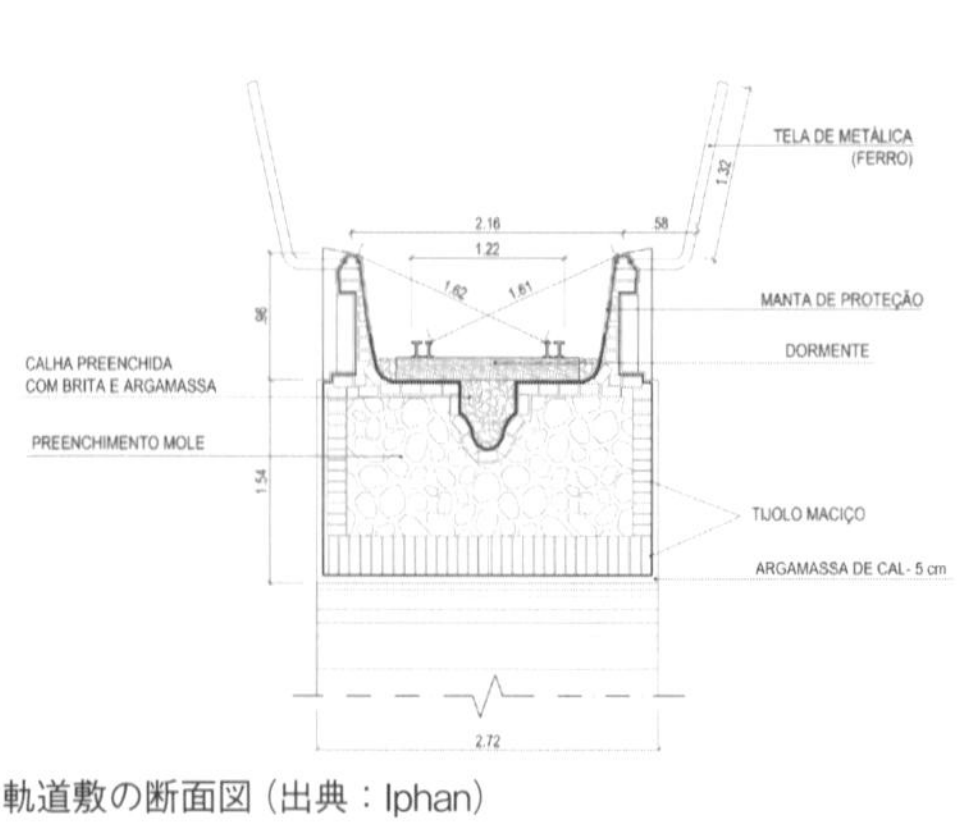

軌道敷の断面図（出典：Iphan）

日本の類似土木施設　南禅寺水路閣

類似点　古代ローマのデザインを模した水路橋

概　要　琵琶湖疏水は滋賀県大津市で取水され、南禅寺横を通り、京都市東山区蹴上までの水路である。工事は一八八五（明治一八）年に始まり、一八九〇（明治二三）年に竣工した。その分線上（蹴上以北）に、一八八八（明治二一）年に完成した水路橋が水路閣である。南禅寺境内を通過するため、周辺の景観に配慮して田辺朔郎が設計デザインした。全長九三・二メートル、幅四メートル、高さ九メートルの古代ローマの水道橋を思わせるレンガと花崗岩造りのアーチ型橋脚の風格ある構造物は、閑静な東山の風景に解け込んでいる。市指定史跡。

所在地　京都府京都市

◆現地を訪れるなら◆

リオデジャネイロでは、世界的に知られる全長約四キロメートルの白い砂浜、コパカバーナビーチがお勧め。ビーチバレーやビーチサッカーの世界選手権などが開催された。海岸に沿って、モザイクが施された遊歩道が延びる。その一角に、ボサノバの名曲「イパネマの娘」を作曲したアントニオ・カルロス・ジョビンのブロンズ像がある。リオデジャネイロ空港はその名を冠している。

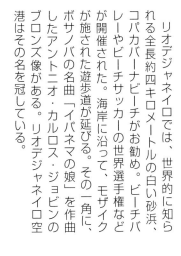

Part 3 オセアニア編

キュランダ鉄道
オーストラリア ケアンズ

ロック&ウィアー1号
オーストラリア ブランチェタウン

アッパー・ネピアン・ウォーター・サプライ・スキーム
オーストラリア シドニー郊外

ハーバーブリッジ
オーストラリア シドニー

リトルトン鉄道トンネル
ニュージーランド クライストチャーチ

グラフトン橋
ニュージーランド オークランド

Message メッセージ

Part3

ミセス・マックォーリーズ・ポイントの緑地とシティ（写真：有賀圭司）

自然を愛するオージー気質

サラ・オレイン Sarah Àlainn

私は、シドニー近郊の自然が残っている静かな町で生まれ、育ちました。五歳から習いはじめたバイオリンは、女の子がバイオリンを弾くアニメを見て、自分から「やりたい」と言ったことがきっかけらしいのですが、正直、覚えていません。オーストラリアは自然が美しいというイメージがあると思いますが、泥まみれになって遊んだことはなく、バイオリンの練習と勉強に明け暮れていました。そのため、自然といっても、家の周りやシドニーあたりのことくらいしかわかりません。

それでも常に自然とは触れ合っていました。家にはポッサムという大きなネズミに似た有袋類や鳥などが、普段からよく遊びにきたものです。もちろんカンガルーもいました。小学生の時には、ブッシュの中を歩く「ブッシュウォーキング」という授業もありました。それで「自然と触れ合い、自然を大切にしよう」という意識を小さい時から学びます。また、オーストラリアは乾燥した気候で、ブッシュファイア（山火事）も毎年起こります。自然に火が点いてしまうんですよね。

シドニー中心街のことをシティと言います。シティも、大都市にしては自然がある方だと思います。中学校はオペラハウスの近くでした。そばにロイヤル・ボタニック・ガーデンという有名な植物園があり、自然保護の意識が高い所です。オーストラリアにはナショナルパークも多いし、シティにも公園がたくさんあり、緑がいっぱいです。

　私は音楽専門の大学ではなく、シドニー大学で言語学を修めました。大学のキャンパスは美しく、周りに自然もたくさんあり、学生たちはその自然を大切にしながら生活しています。イタリア語を専攻していたのですが、もう一つ別の言語を勉強できるチャンスがあり、自分には日本人の血も入っているので日本語を選択しました。日本語を勉強していく過程で日本文化に興味を持ち、二〇〇八年に東京大学の留学生として日本に来ました。日本語は、日本に来てから上達したと思います。

　オーストラリアは車社会ですが、シティでは現在のとは別のトラム路線の建設が進んでいます。トラムには懐かしさがあり、憧れがあります。混雑していたシティの道路も、新トラム建設でよくなると思います。いまからどうなるか楽しみですね。また、シティではフェリーが充実していて便利です。通勤にフェリーを使う人も多いのです。さらに、二〇〇〇年のオリンピックを契機に空港と市内を結ぶ新しい鉄道ができました。オパールというICカードにお金をチャージするプリペイド方式で、カードはバスやフェリーでも使うことができます。やはり有名なのはハーバーブリッジです。最近、幅が世界一だったということを知りました。

　オーストラリアは乾燥地帯が多く、もともと水不足の国なので節水に関しては小さい頃から教えられてきました。シャワーは五分間と決まっていて無駄遣いはしません。トイレも意識して、半分の水量しか流れないハーフフラッシュにします。庭の芝生に水を撒くスプリンクラーはありません。オージー（オーストラリア人）は「ただのケチだ」という説もあるようですが……。水も電気も資源を大切にする考え方は、小さい頃から徹底していて試験にも出るほどです。また、レストランでは注文の時に「ボトルウォーター・オア・タップウォーター?」と聞かれますが、多くの人がタップウォーター、つまり水道水を頼みます。オーストラリアの水道水は、日本と同じに飲めますからね。大きなタンクを設置して雨水をリサイクルするファミリーも多いです。ソーラーパワーも使います。家庭ゴミも細かく分別します。

　アースアワーという、一年に一回一時間、全部の電気を消すイベントがあります。どうしてもしなければならないわけではないのですが、オーストラリアでは多くの人が参加し、私も暗闇で一時間過ごします。

　古いものや、もともとあるものを大切にする「もったいない精神」が、オージーにもあるような気がします。オーストラリアという国が、水不足だったり、もともと自然がたくさんある国だったことから、そういう意識が高くなったように思います。

サラ・オレイン Sarah Àlainn プロフィール

オーストラリア出身。ヴォーカリスト、バイオリニスト、作詞作曲家、コピーライター、翻訳家。英語、日本語、イタリア語、ラテン語を操るマルチリンガル。音が色で見える共感覚者でもある。「オーストラリアｎｏｗ」親善大使、「九州国立博物館」応援大使。シドニー大学在学中に東京大学に留学。在学中にゲームソフト「ゼノブレイド」エンディングテーマ曲"Beyond the Sky"（光田康典氏作曲）のヴォーカルを担当。二〇一二年ユニバーサルミュージックよりメジャーデビュー。発売されたアルバムは全てチャート一位を獲得。二〇一五年「太陽の家」五〇周年記念式典にて上皇上皇后両陛下の御前で国歌独唱。二〇一八年NHK大河ドラマ『西郷どん』では劇中歌「我が故郷」と「西郷どん紀行～薩摩編～」を歌唱。二〇一九年NHKよるドラ『腐女子、うっかりゲイに告（コク）る。』に出演し、女優デビューを果たす。二〇一九年イタリア・ミラノ ヴェルディ劇場にて自身初のヨーロッパ公演を行い、観客を魅了。七月サントリーホール 大ホールで行われた「Sarah Àlainn Symphonic Concert 2019」では自身が脚本・舞台演出をトータルで手がけた。ベストアルバム『Timeless』発売中。

［オーストラリア ケアンズ］
キュランダ鉄道
オーストラリアの発展に大きく寄与

世界遺産を走り抜ける鉄道

キュランダ鉄道は、オーストラリアのクイーンズランド州北部の港町ケアンズと、そこから直線距離で北西へ三三・二キロメートル、アボリジニ語で「熱帯雨林の村」を意味するキュランダを結ぶ延長七五・一キロメートルの山岳鉄道である。現在は、主に観光鉄道として一日二往復運行している。列車は一億三〇〇〇万年前に生まれた世界遺産の熱帯雨林を抜け、急傾斜な渓谷を片道約一時間四五分かけて抜けていく。ゴールドラッシュ時代を思わせるレトロな車両が人気で、絶景ポイントのバロン滝に停車するなど、観光客を楽しませてくれる。

一八八六年に工事が開始され、九一年に完成。二〇一六年には、開業一二五周年を迎えた。なぜ、この険しい地形にキュランダ鉄道が敷設されたのだろうか。

ストーニークリーク橋

物資輸送ルートの選定

一八七三年にクイーンズランド州北部で金が、そして一八八〇年に錫が相次いで発見されたことにより、ケアンズはその積み出し港として栄えた。しかし、ケアンズ周辺は地形が急峻で険しく、植生の深い山地に囲まれ、沿岸部と内陸部との通行は困難を極めた。沿岸部から奥地に向けて物資を運ぶには、危険なルートを使うしかなかった。

一八八二年、豪雨によってこの物資輸送ルートが途絶えてしまい、多くの鉱夫たちが餓死寸前にまで追い込まれた。「一八八二年五月二八日。酷い旅。道路通行不能。二〇日間食糧なし。草の根を食べる。一九日間雨降り止まず」。この記録からは、当時のルートの劣悪な状況を窺い知ることができる。

そこで同年、沿岸部と内陸部をつなぐ物資輸送ルートの選定が開始され、ポートダグラスやケアンズ等の街が鉄道誘致合戦を繰り広げた。その結果、一八八四年、測量技師ジョージ・ウィリアム・

キュランダ鉄道路線図（出典：『キュランダ鉄道の情報ガイド』）

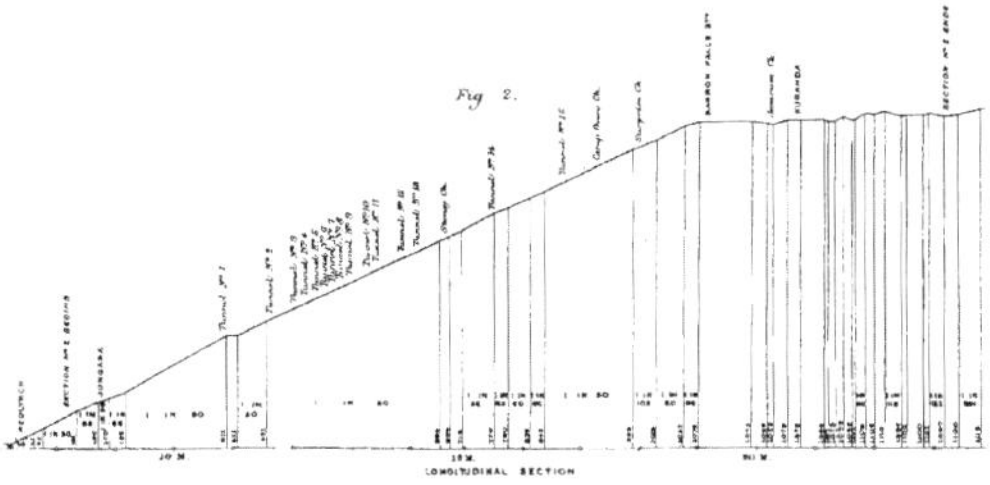

縦断図（出典：『Nomination of the CAIRNS KURANDA SCENIC RAILWAY for RECOGNITION as a NATIONAL ENGINEERING LANDMARKUNDER THE AUSTRALIAN HISTORIC ENGINEERING PLAQUING PROGRAM』）

モンクの報告によって、クイーンズランド州政府はケアンズを終着駅とすることを決定した。

　ケアンズからキュランダに至るルートについての詳細な調査は、鉄道部門のチーフエンジニアのロバート・バラードによって開始され、調査・設計・監督の大部分はクイーンズランド州鉄道の北部地域技術責任者であったウィーロウビー・ハンナムが監理した。一八三八年にイギリスで生まれたハンナムは、土木の見習い職人として働きはじめ、一八六〇年に来豪し、メルボルン－マレー川鉄道の測量技師助手として従事した。その後、数社で従事した後、一八七二年にクイーンズランド州政府の鉄道課に地域技術員として入社し、技術責任者ロバート・バラードの下で測量を担当した。一八八五年には北部地域技術責任者に任命され、一八八九年に退職するまで主にキュランダ鉄道に携わった。一八九三年、キュランダでその生涯を閉じ、ケアンズに埋葬された。

ケアンズ駅正面

現在のディーゼル機関車

レトロな車内

素手で山を切り開く

　工事は一八八六年五月に開始され、ケアンズ方から一三・二キロメートルの第一工区、二四・五キロメートルの第二工区、三七・四キロメートルの第三工区の三つに分けて進められた。第一と第三工区は平坦で比較的工事が容易であったが、第二工区は急勾配や密林、そして先住民族であるアボリジニからの妨害を受け、非常に困難で骨の折れる工事となった。

そのほとんどを請負ったのは、メルボルンのジョン・ロブである。一八三四年に北アイルランドで生まれたロブは、一八五四年頃にオーストラリアに着き、個人単独で、ビクトリア州や南オーストラリア州、西オーストラリア州で大規模な土木工事や鉄道工事を多く手がけていた。

工事が開始されると、湿地帯や密林という過酷な環境と重労働により、現場には疫病が蔓延した。当時は、現在のような大型土木機械が一切なかったため、ツルハシやシャベル、ダイナマイト、バケツ、そして素手によって山を切り開く工事に挑まなければならなかった。起伏の多い土地、厳しい熱帯性気候、物資が届きづらい工事現場という悪条件の中、工事最盛期には一五〇〇人もの労働者が従事した。国内だけでなく、アイルランドやイタリアからの労働者も多く、竣工後は彼らの多くがこの地に残ることを選んだ。

曲線半径100mの『ホースシューベンド』

困難極まる環境

荷車用の工事道路も容易に建設できるものではなく、渓谷や山脈に沿って鉄道の施工基面に合わせて小規模な道が造られ、これを通って必要な装備や材料がラバの背中に乗せられて運搬された。砂は近くのバロン川で採取し、セメントは英国より輸入した。

第二工区の中でも危険を極めたのが、バロン渓谷を越える区間だった。バロン渓谷の地表勾配は平均四五度で、さらに厚さ五～八メートルの腐食した崩れやすい土層に覆われていた。厳しい自然環境下に位置するだけではなく、地形は国内の他の山脈の鉄道路線と比べても類を見ないほど急峻であり、この地形と地質構造が建設中に深刻な地山の安定性の問題を生み出した。鉄道に適さない地盤が多いだけでなく、発破の多用や切土作業といった危険が、作業中は常に付きまとっていた。最終的にこの工区では、二三名に及ぶ死亡事故が発生した。

キュランダ鉄道は、麓のケアンズから頂上のキュランダまでの高低差が三二三メートルあり、最大勾配は二〇・八パーミルである。勾配を緩くするために、曲線半径一〇〇メートルの馬蹄形のようなカーブを多用した結果、直線距離で三三・二キロメートルのケアンズ〜キュランダ間は七五・一キロメートルの路線長になったのである。因みに軌間は、日本のJR在来線と同じ一〇六七ミリメートルの単線鉄道となっている。

トンネルと橋

当初の設計では、一五のトンネル、五五の橋、一五三の切り通しを建設することになっていた。

トンネルは、予想以上の掘削を必要とし、短い距離に九八のカーブがある、蛇のように曲がりくねった路線となった。トンネルの総延長は一七四六・五メートルで、そのうち四三〇メートルの最長となる一五号トンネルは、当初は一つの橋と二つの短いトンネルで計画されていたが、地盤性状を考慮して一つのトンネルとなった。

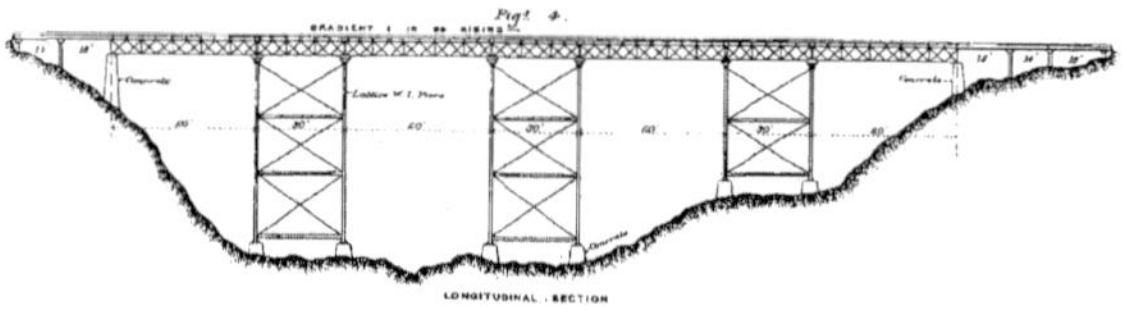

ストーニークリーク橋側面図
(出典：『Nomination of the CAIRNS KURANDA SCENIC RAILWAY for RECOGNITION as a NATIONAL ENGINEERING LANDMARKUNDER THE AUSTRALIAN HISTORIC ENGINEERING PLAQUING PROGRAM』)

建設中のストーニークリーク橋
(出典：『CAIRNS RANGE RAILWAY 1886-1891』)

バロン滝駅に停車中の列車

橋には、木製と鉄製があり、総延長はそれぞれ一八〇四メートルと二四四メートルである。渓谷の多くは流量が僅少で、橋の建設が必要なほどではなかったようだが、地形条件を考慮すると建設せざるを得なかった。また、深い谷間や滝の上という地形的に不安定な場所にも橋を造る必要があった。特筆すべきは、川底からの高さが二六・五メートルになるストーニークリーク橋だ。観光ポスターにも登場する「キュランダ鉄道の顔」と言っても過言ではないこの橋は、三つのトレッスル橋脚で支えられた曲線半径八〇メートルの軌道に架かる、全長八八・四メートルの格子トラス鉄橋である。キュランダ鉄道の技術者ジョン・グイネスが設計し、ウォーカーズ・リミテッド・クイーンズランド社によって建設された。

工事には用材の調達が必要だったため、橋の建設にジャングルで伐採した木材を大量に使用したが、残念ながら、杭、主軸台、受け材、特に桁には不向きな材質であった。

橋は当初、軸重八トンの車両用に建設された。一九〇〇年頃にはキュランダの先へと延びていた路線は、一九二六年、より重量のある車両が導入されたことにより、軸重一〇トンに耐え得る橋に補強された。さらに一九九八年、奥のアサートン高原からのサトウキビ輸送に対応できるよう、すべての橋が軸重一六トンへと強化された。

開通によって

キュランダ鉄道は、オーストラリアにとって社会的に非常に重要な役割を果たしたと言える。鉱山採掘業は金や錫の枯渇により瞬く間に衰退したが、鉱山の稼働が縮小する反面、伐採業、製粉業、家具類や建築用木材の輸送業などの産業が発達していった。別の地域では森林が伐採され、草原となった場所で酪農や農業が行われ、乾燥地帯では水耕栽培によるタバコ、米、砂糖、コーヒーが鉱山採掘業に取って代わった。そして鉄道は、西のエリアへと延びていき、クイーンズランド州北部の大規模な鉱山や農業地帯の開発に大きな役割を果たした。

開発に伴って流入した移民労働者は人口増加を加速させ、鉄道によって発展した産業は、さらなる人口増加につながった。第二次世界大戦時には、鉄道は一時オーストラリア軍と米軍約二五万人の輸送に貢献し、国防上極めて重要な役割を果たした。現在では、ケアンズやアサートン高原が重要な観光資源となり、キュランダ鉄道は地域観光の要となっている。

ナショナル・エンジニアリング・ランドマーク認定

困難を極めた土木工事の末、着工から五年後の一八九一年六月にケアンズ〜キュランダ間が開業した。キュランダの金と錫の物資輸送を目的として計画された鉄道だったが、完成する頃には金も錫も産出されなくなり、当初の目的は達せられぬままとなった。しかし、この鉄道により物資の安定供給が可能となり、アサートン高原が繁栄するとともに、ケアンズの街にも発展の基礎ができあがっていった。

多くの労働者が、非常に苛酷な条件の下で鉄道を開通させた。高原地帯の発展に寄与したキュランダ鉄道は、一九世紀土木工学の最も優れた偉業の一つとされ、その功績が認められて、二〇〇五年にオーストラリアのナショナル・エンジニアリング・ランドマークに認定された。現在、キュランダ駅ホームの一角に認定の記念碑が建立され、プレートには難工事の末、鉄道を完成させた設計技術者たちの名前が刻まれている。

キュランダ駅にある記念碑

15号トンネル坑口にて
（出典：『CAIRNS RANGE RAILWAY 1886-1891』）

日本の類似土木施設　黒部峡谷鉄道

類似点　地域発展に寄与した鉄道

概　要　富山県黒部川水系の発電所建設のため、一九三七（昭和一二）年に宇奈月～欅平間の二〇・一キロメートル、全四駅の鉄道が開通した。軌間が七六二ミリメートルの資材運搬専用鉄道だったが、当初から地元の人たちの利便を図り「無料便乗」という形で乗せていた。その後、増える観光客に対応して便乗料金を徴収して一般客にも解放したが、一九五一（昭和二六）年に禁止されてしまった。しかし、観光利用したいとの声が強まり、一九五三（昭和二八）年、地方鉄道業法の許可を得て営業運転を開始した。以降「トロッコ電車」の愛称で親しまれ、今日に至っている。

所在地　富山県黒部市

◆現地を訪れるなら◆

キュランダ駅からの帰路は「世界で最も美しい熱帯雨林を体験できる」という七・五キロメートルのスカイレールがお勧めだ。熱帯雨林のわずか数メートル上空を六人乗りのゴンドラで進む、約七五分間の空旅。時間があれば途中駅で下車して、ボードウォークや見晴し台、熱帯雨林館などが楽しめる。終点のスミスフィールド駅からケアンズまでは、送迎バスが出ているから安心だ。

［オーストラリア ブランチェタウン］ロック&ウィアー一号

マレー川利用の第一歩

マレー・ダーリング水系のマレー川

オーストラリア大陸南東部には、マレー川、ダーリング川、マランビジー川などの大河が流れ、マレー・ダーリング水系を構成している。その流域面積は一〇六万平方キロメートルで、日本の国土面積の約三倍にも及ぶ。このうちマレー川は、ダーリング川に次ぐオーストラリア第二の河川で、全長は二五七五キロメートル。同国最高峰（二二三〇メートル）のコジオスコ山がそびえるスノーウィ山地に源を発し、北東のニューサウスウェールズ州から流入するダーリング川と合流した後、同州とその南のビクトリア州との州境に沿って西流し、南オーストラリア州に入って流路を南へと変え、河口でアレクサンダー湖、そしてグレートオーストラリア湾へと注ぐ。マレー川は「グレートリバー」とも呼ばれ、流域の水の供給源をなしている。

最初のロック&ウィアー

南オーストラリア州の州都アデレードの北東方約一三五キロメートル、そしてマレー川の河口から約二七五キロメートル遡上したところに、人口三〇〇人足らずの町ブランチェタウンがある。ここには、マレー川を横断する河川構造物「ロック&ウィアー一号」がある。ロックは閘門（上下流にある水門により、内外の水位差をなくして船舶を航行させる施設）を、そしてウィアーは堰を意味する。

ロック&ウィアー一号の着工は、一〇〇余年前の一九一五年四月で、開通は二二年六月。現在はSAウォーター（南オーストラリア州政府水資源局）が運用と管理を行っている。この一号閘門は、一八五三年にマレー川を最初に航行した

左岸上流から眺めるロック&ウィアー 1号

ロック&ウィアー 1号の監理棟と閘門と堰（手前から）

船長の名に因み「ウィリアム・リチャード・ランデル・ロック」と命名されている。現在でも、閘門開閉数は年平均一〇〇〇回を超える。

なぜ、ロック＆ウィアー一号が「グレートリバー」のマレー川に建設されたのだろうか。

干ばつがきっかけ

建設のきっかけとなったのは干ばつであった。乾燥大陸オーストラリアでは、記録の残る一八六〇年以降だけでも、広範囲にわたる干ばつが一〇回を数える。このうち最悪のものは「一九〇二年の干ばつ」と呼ばれる一八九五～一九〇三年のもので、この間、一八九二年に一億六〇〇〇万頭を超えていた羊は半減。牛は一八九五年の一二〇〇万頭以上から、一九〇三年には七〇〇万頭に落ち込んだという。この大干ばつにより、マレー川流域では河川開発への機運が一

マレー川流域図（作成：株式会社大應）

気に高まったのだ。

　そこでマレー・ダーリング水系に位置する灌漑三州、すなわち南オーストラリア州、ニューサウスウェールズ州そしてビクトリア州各政府と連邦政府は、灌漑、舟運、給水のためにマレー川の水の保全と配分を調査することを決定した。しかし、マレー川流域の開発に伴い、流域の羊や柑橘類の生産量が増大し、その運搬経路の確保が喫緊の課題だった。

　そして建設が始まり、一九二二年から三七年にかけて一～一一号、一五号、二六号の一三のロック&ウィアーが完成していったのである。一連のロック&ウィアーの設置は、舟運や灌漑と給水のための水位の維持である。これにより、河口から約一六〇〇キロメートル上流までは、航行可能な水深二メートルを確保している。一一号以降の施設番号が不連続なのは、一九三〇年代に入り、船による輸送が鉄道に取って代わられたためで、二六を予定していた堰を一三に減らしたことによる。

　ブランチェタウンのロック&ウィアー一号はマレー川で最初に完成した河川施設で、その設計はアメリカ陸軍工兵隊の大尉E・N・ジョンソンが行った。彼はこのほか、ロック&ウィアー一一号と一五号を除くすべての閘門と堰の設計に携わった。なお、ロック&ウィアー一号建設中の一九一七～一八年には深刻な洪水被害も発生している。

各ロック&ウィアー

施設名	河川からの距離(km)	完成年	所在地
1号	274	1922	ブランチェタウン
2号	362	1928	ウェイケリー
3号	431	1925	オーバーランドコーナー
4号	516	1929	ブックプーノン
5号	562	1927	レンマーク
6号	620	1930	マーソ
7号	697	1934	ルーファスリバー
8号	726	1935	ワングンマ
9号	765	1926	カルナイン
10号	825	1929	ウェントワース
11号	878	1927	ミルデューラ
15号	1,110	1937	ユーストン
26号	1,638	1924	トランバリー

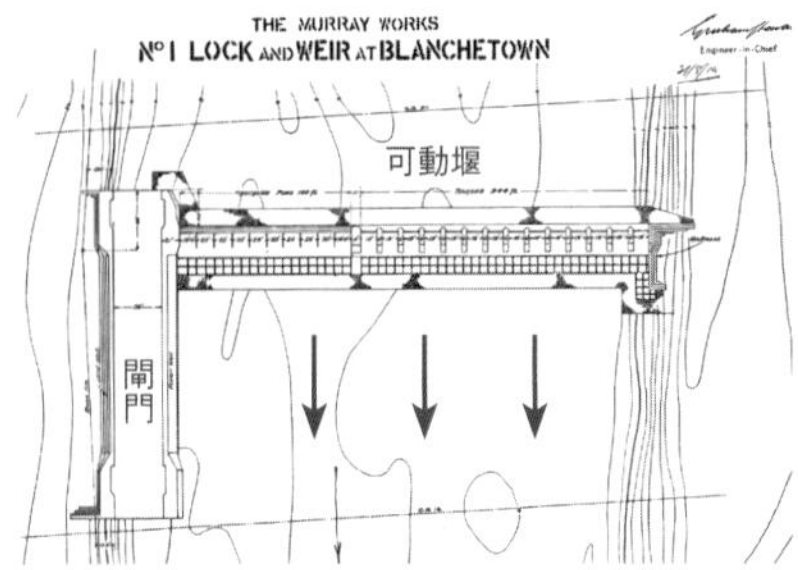

平面図（提供：SA Water）

建設時のロック&ウィアー1号（提供：SA Water）

ロック&ウィアー一号

一連のロック&ウィアーの設置目的は、舟運や灌漑と給水のための水位の維持である。オーストラリア大陸は、古い時代の地層からなる安定大陸である。ブランチェタウン周辺には、それらの古い地層を覆って新第三紀中新世（約二三〇〇万〜五〇〇〇万年前）の石灰砂岩と、現生の砂や泥からなる堆積物が分布している。このうち表層に分布する砂は締り具合が良好でなく、そのまま構造物の基礎として利用するには不適切だった。そこで、その下位に分布する石灰砂岩からなる岩盤を支持層として、それが浅部に分布しない場合は、そこまで木杭を打設する杭基礎工法が採用された。杭長は一〇〜一八メートルあり、閘門および堰の基礎に用いられている。

ロック&ウィアー一号は、右岸側の閘門と中央部から左岸側の堰から構成され、全長は二〇〇メートル近くにもなる。

閘門は上下流の鋼製水門、両水門間のコンクリート製閘室、そして制水弁からなり、閘室のサイズは長さ八三・八メートル、幅一七メートルである。閘室の水位はポンプを使わず自然流下で上下する。七分で満水、または空虚になり、船舶の通過には一五〜二〇分かかる。予約は不要で、無料で通過できる。

二四連ある堰の全幅は一六八・八五メートル、マレー川で最も長い堰である。三・二メートルの上水面と〇・七五メートルの下水面の水位差二・四五メートルを調整できる可動堰である。堰の上部に敷かれたレール上を走行する重機によって、水位調整用堰板を縦方向の溝に落とし込んで、水位を調整する構造になっている。

閘門

右岸側の取り外し可能な堰

水位調整用堰板（右）とその設置用重機（左）

ナショナル・エンジニアリング・ランドマークの記念碑

重機移動用のレールがある堰

二四連のうち、右岸（閘門）側の一〇連の堰は、洪水時に船や丸太が妨げられずに通過できる設計になっている。そのうち、閘門に接する五連の堰は、支柱自体が鋼製で取り外しが可能で、洪水時に施設の損傷を防止するため、閘門を使わずに船舶の航行ができるように工夫されている。

閘門と堰を除く施設としては、直径一五センチメートルほどの給水パイプとポンプ小屋が右岸にひっそりと佇んでいるのが見られるだけで、大規模な灌漑施設は存在しない。

連邦政府と灌漑三州による、マレー川とダーリング川の土木事業は、その偉業が称えられ、ナショナル・エンジニアリング・ランドマークとして認定されている。ロック＆ウィアー一号右岸の展示施設横に記念碑が建立されている。

魚道の構造

ロック&ウィアー一号の左岸には、魚類の遡行が妨げられないようにするため魚道が設置されている。魚道の勾配は一対三二に抑えられており、五つの水門を備え、河川水位に応じて、それらを開閉することで魚類の遡行を手助けしている。魚は、スロットと呼ばれる幅一〇センチメートルの隙間を通って遡行する。

左岸側にある魚道施設

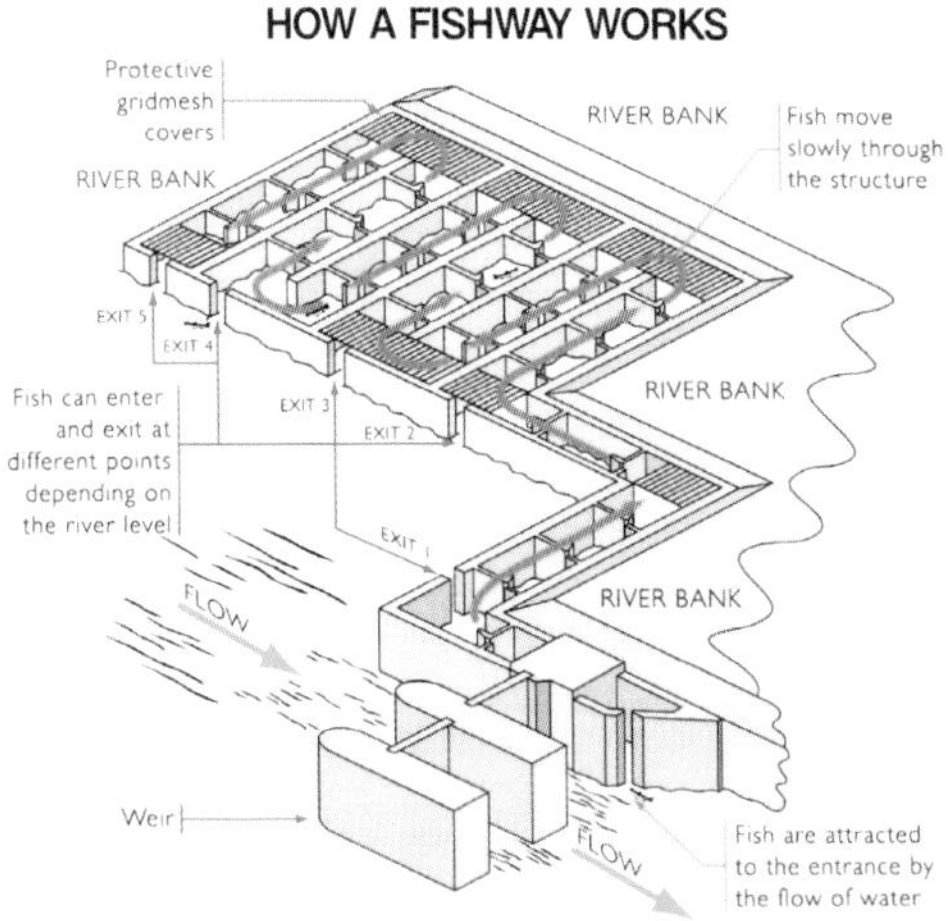
HOW A FISHWAY WORKS
Protective gridmesh covers
RIVER BANK
RIVER BANK
Fish move slowly through the structure
EXIT 5
EXIT 4
EXIT 3
EXIT 2
EXIT 1
Fish can enter and exit at different points depending on the river level
RIVER BANK
RIVER BANK
FLOW
FLOW
Weir
Fish are attracted to the entrance by the flow of water

魚道の仕組み（現地説明板）

また、魚道には魚を捕獲できる装置がある。捕れる魚はコイが多く、二〇一三年度には一三万匹が捕獲された。捕獲された魚には、PITタグと呼ばれるマイクロチップが埋め込まれ、位置が経時的に検出・記録される仕組みができている。それにより、八～九月にはロック&ウィアー一号の下流域に、一〇～一一月には上流域と、季節によって棲息域が移動していることが確認されている。これは、魚道操作の運用の研究に役立てられている。

施設の運用とメンテナンス

ロック&ウィアー一号では、三名程度の現地保守担当者が駐在して日常の管理や運用にあたっている。これに加え、あらかじめ設定されたメンテナンスプログラムに沿って、定期的に施設維持が行われている。このプログラムでは年間の実施時期と、その時の実施内容が事細かに設定されている。七名の保守担当者名と各自が担当すべきスケジュールが明示され、時系列に沿って年間のスケジュールが週単位で順次、消化されていくことになっている。これにはマクシモと呼ばれる資産管理システムが用いられ、作業の完了や更新状況などの情報が組織内で共有されている。

流域を支える

マレー川は、舟運のほかにも重要な役割を担っている。それは、都市部への給水だ。

ブランチェタウンからマレー川に沿って一八キロメートルほど下ると、SAウォーターの取水施設がある。ここでポンプアップされた水は、パイプラインではるばるアデレードまで運ばれている。パイプラインの直径は約一・五メートルで、道路脇に設置され、地面を這うように荒野の中を一直線に延びる。道には、パイプラインロードという名がつけられている。遠く離れた地まで延々と水を運ぶパイプラインの姿は、ここが乾燥地帯であることを実感させてくれる。

また、パイプラインは、荒野の中だけではなく、アデレード東部の緑豊かな高原も横断して、カンガルーやエミューが棲息している草原や牧草地を通過している。

牧草地を通過するパイプライン

現在では、商業舟運は姿を消してしまったものの、灌漑機能と、特にツーリストやレクリエーション用の舟運はこれからも必要になっていくだろう。マレー川、ロック&ウィアー、そしてパイプライン。これらが適切な水管理のもとで、流域の人びとの生活に重要な役割を演じていくに違いない。

日本の類似土木施設　関宿水閘門

類似点　水位調整水門と閘門の併設

概　要　利根川から分派する江戸川の流頭部にある関宿水閘門は、江戸川に流れる水量を調節し、かつ船を安全に通すことを目的に、一九二七（昭和二）年に完成した水門と閘門である。レンガ造りからコンクリート造りへと移行する時代で、コンクリート造りの関宿水閘門は、当時の建築技術を知るうえで貴重な建造物だ。水流を制御する水門は八つのストーニー式鋼製ゲートで構成され、両川の水位が違うため、その右（右岸）側に船が行き来する閘門が建設された。閘門の幅は一〇メートルで、長さ約一〇〇メートルの水路の前後に手動で開閉マイター（合掌）式鋼製ゲートが設置されている。

所在地　茨城県五霞町

◆現地を訪れるなら◆

ブランチェタウンからアデレードへ車で移動中、農場でカンガルー、私有地でエミュー、国立公園内でコアラを目撃することができた。道路脇の木々には、コアラが普通にいる。「コアラ注意」の黄色い標識も見かける。コアラが大好きなユーカリの木が多いようだ。また、この地域にはワイナリーも多い。テイスティングして、お気に入りのワインをゲットするのもよい。

Engineering's Heritage

［オーストラリア シドニー郊外］

アッパー・ネピアン・ウォーター・サプライ・スキーム

新鮮な水を届ける

ごくごく飲める美味しい水道水

二〇〇〇年に、夏季オリンピックが開催されたオーストラリアのシドニー。夏はさほど暑くならず、冬も高緯度の割には気温が下がらず過ごしやすい。南半球のため季節は日本と逆になるが、時差が少なく、車も左側通行、比較的治安もよいことから日本からの観光客も多い。

オーストラリアは、乾燥大陸で雨季がない。長期間、雨が降らないこともある。実際にシドニーでは一九三四年から八年間、干ばつに襲われている。そんなシドニーだが、水道水をそのままごくごくと、美味しく飲むことができる数少ない都市の一つだ。なぜ、水道水を飲むことができるようになったのだろうか。

カタラクトダム

水源地の変遷

シドニーの歴史は一七七〇年、イギリスのジェームズ・クック船長がシドニー郊外のボタニー湾に到達し、ニューサウスウェールズと命名した時から始まった。そして一七八八年一月二六日、初代総督アーサー・フィリップら千数百人がシドニー湾に上陸したのである。この地からイギリス人の入植が始まったのは、現在のサーキュラー・キー辺りになるシドニー・コーブに淡水の流れがあったからだ。長さ一・五キロメートル程の流れの集水エリアは小さく、湿地を水源地としていた。しかし、この流れに沿って多くの家が建ちはじめたことで、生活雑排水やゴミなどが流れ込み汚染され、一八二六年に水源地としての使用が禁止された。

次の水源地は、南東に四キロメートル程の湿地に決まった。この場所からは、囚人たちにトンネルを掘らせて街まで水を運んだ。担当エンジニアは、囚人たちを恐れて指示を出せず、好き勝手に掘られた結果、トンネルは曲がり、水路勾配も付けられなかった。トンネル以外には木製水路を造って、最後は給水馬車で水が配られた。一八三七年から使われはじめたが、五八年の大干ばつにより、新たな水源地を探すこととなった。

第三の水源地であるボタニー湿地の給水場は、蒸気機関で水を汲み上げていた。

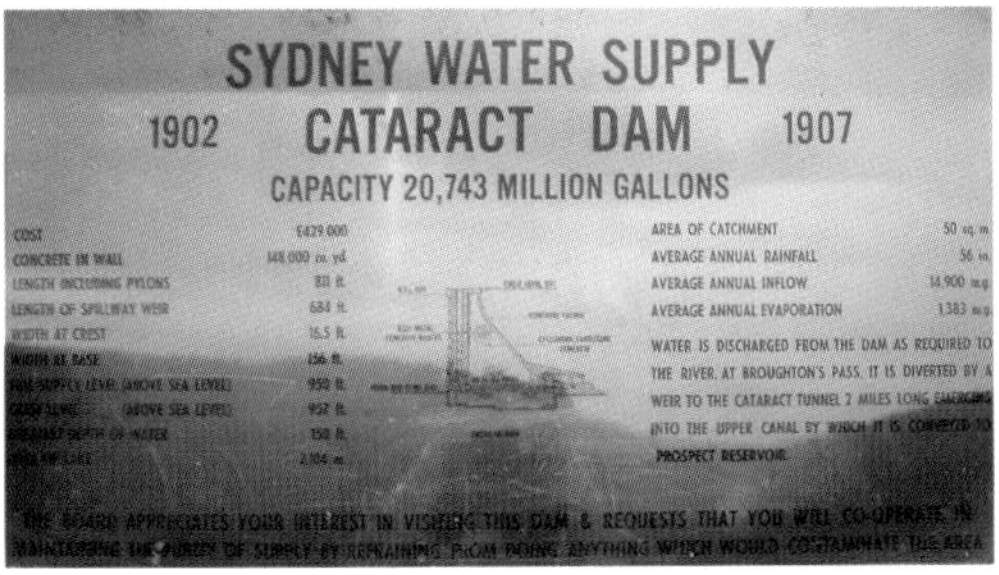

カタラクトダムの現地説明板

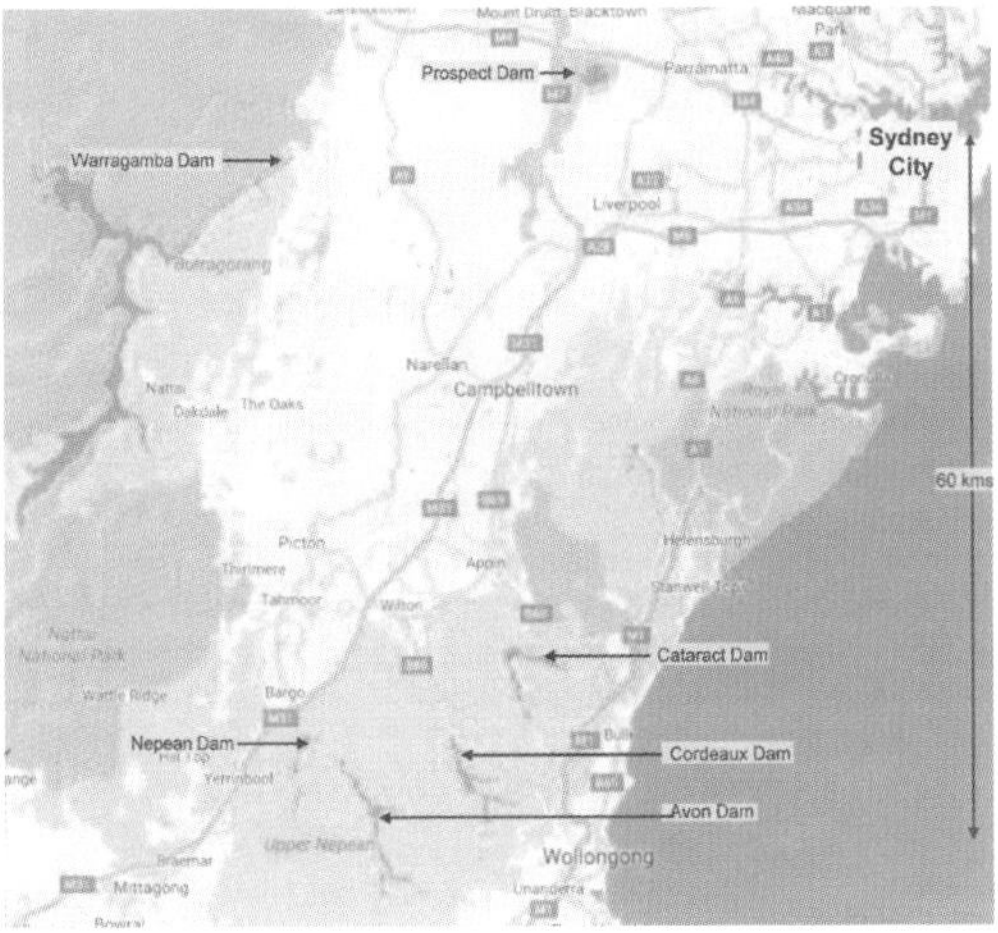

施設の位置図
（提供：WaterNSW/Engineering Heritage Sydney）

木製水路と給水馬車（1858年までの水源）
（提供：WaterNSW/Engineering Heritage Sydney）

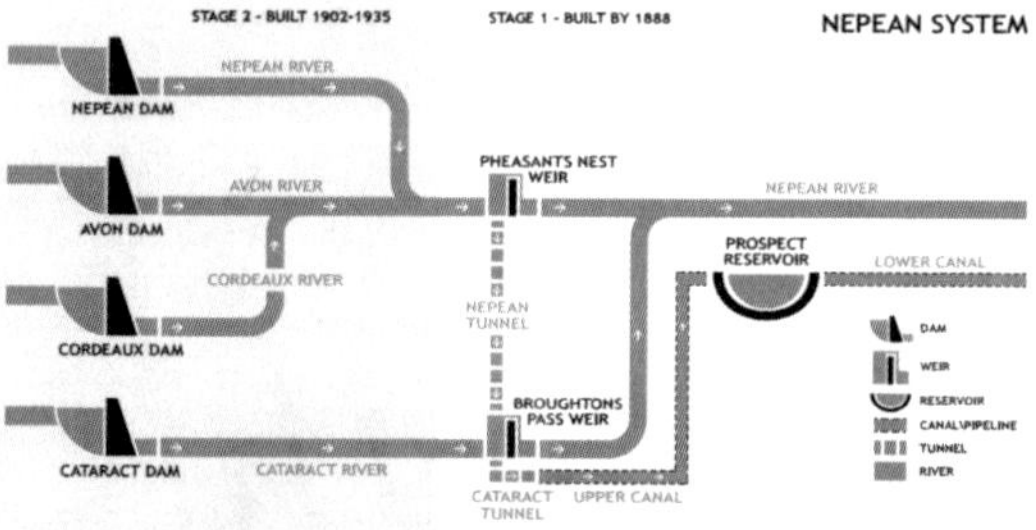

スキームの概要（提供：WaterNSW/Engineering Heritage Sydney）

一八五九年から給水していたが、シドニーの人口増加に伴い、給水量不足となり、九〇年には終了せざるを得なかった。そしてまた、新たな水源地を探さなければならなくなったのである。入植者たちは、常に雨が降り、川が流れるイギリスから来たため、水の保全や保存の知識が乏しく、水源地を汚染から守ることの重要性についても認識していなかった。そのため、街は断続的に水が尽きる状況となっていた。

独創的な発想

一八六七年、人口増加や度重なる干ばつ、水供給への住民不安に対応すべく、将来のシドニーへの水供給を検討する委員会の委員五名が知事から任命された。二年の調査が終わった一八六九年に委員会は、その時点で最悪だったシドニーを、オーストラリアの中で最も水に恵まれた都市とし、住民たちに健康、快適さ、そして繁栄をもたらすために、アッパー・ネピアン・ウォーター・サプライ・スキームを推奨したのである。

これはシドニーの南西に位置し、頻繁に雨が降るネピアン川上流の一〇〇〇平方キロメートルの集水域から水を引き、大きな貯水池に貯える計画であった。

この独創的なスキームは、委員の一人であった公共事業部門のチーフ・エンジニアだったエドワード・オーブン・モリアーティが計画した。その後の調査に時間がかかり、一八八〇年にようやく工事が始まった。水路勾配を小さくしつつ、水を自然流下で街まで流す計画だったため、トンネル、運河、水路橋の敷設には高い技術が要求された。

モリアーティは一八二四年にアイルランドで生まれ、ダブリンのトリニティ・カレッジで教育を受けた。四三年に家族とともにシドニーに渡豪し、コンサルティングエンジニアと測量技術者となった。エンジニアとしての経験を積んだ後の五九年、ニューサウスウェールズ（ＮＳＷ）州の公共事業部門のチーフ・エンジニアに任命され、六二年に道路の責任者に就任した。六五～六六年にはピルモント橋の建設監督をした。一八六七年にはシドニーへの水供給を検討する委員、七五年には公共事業入札委員会と下水道衛生委員会のメンバーになった。八八年末に引退してイギリスに渡り、九六年に七〇余年の生涯を閉じた。

スキームの仕組み

ネピアン川には、カタラクト川、コルドー川、エイボン川という三つの支流がある。モリアーティが発案したアッパー・ネピアン・ウォーター・サプライ・スキームの仕組みは、まずコルドー川とエイボン川がネピアン川に合流後、高さ三メートルのフェーザント・ネスト堰で分流され、延長七キロメートルのネピアン・トンネルを通り、カタラクト川にある高さ三・五メートルのブロートンズ・パス堰に水が送られる。この堰から分岐された水が、総延長一九キロメートルのトンネルと合計一キロメートルの水路橋部を含む延長六四キロメートルのアッパー運河を自然流下して、プロスペクト貯水池に運ばれる。このアッパー運河は、現在でもほぼ変わらずに使用されている。

プロスペクト貯水池
（提供：WaterNSW/Engineering Heritage Sydney）

いまも流れるアッパー運河
（提供：WaterNSW/Engineering Heritage Sydney）

シドニーの西三五キロメートルに位置し、一八八八年に完成したプロスペクト貯水池は、堤高二六メートル、堤頂長二・二キロメートル、貯水容量五〇二〇万立法メートルのオーストラリア初のアースフィルダムだ。ダム天端は、一八九八年に貯水量を増やすために五〇センチメートル嵩上げされ、いまも給水システムにおける重要な施設である。

この貯水池からは、ロアー運河を自然流下してパイプ・ヘッドと呼ばれる浄水場に送られる。ここで浄化された水は、配水管で都市部に供給される。これらは一八八八年に運用を開始し、同年、水供給と下水道のインフラを管理する委員会が設けられた。今日では、シドニー・ウォーター社がその管理に当たっている。

延長七・七キロメートルに及ぶロアー運河の高低差七七センチメートルは勾配一万分の一で、当時の技術水準としては注目すべき精度を保っている。また、途中にある幅二二五メートルの渓谷を、二二連の煉瓦造りアーチ形式のブースタウン水路橋を水が渡っていた。しかし一八九〇年代に橋の構造的問題が明らかになり、漏水が発生するようになった。そのため、一九〇七年に渓谷の下に造った落差三メートルのコンクリート製の逆サイフォンに替わっている。さらにロアー運河は、一九九〇年代にパイプラインに置き換えられた。その際に廃止された細長い土地は、ブースタウン水路橋も含め、自転車専用道として二〇〇三年に一般開放された。

自転車専用道となった元ロアー運河用地

ブースタウン水路橋

緊急の施設

アッパー・ネピアン・ウォーター・サプライ・スキームが完成する少し前の一八八五年、シドニーが深刻な干ばつに見舞われた。この段階では、プロスペクト貯水池が完成していなかった。そのため、パイプラインや木製水路を使って、ボタニー湾の湿地から水を運ぶ計画を提案してきたハドソン・ブラザーズ社に、緊急で水の供給施設を造るように依頼したのである。

わずか六か月の作業期間で、同社はアッパー運河に沿って一六の小規模なコンクリートダムを建設し、一二〇〇本もの巨大な鋳鉄パイプを並べて八つの小川に架橋し、そして線路を横断させた。一八八六年一月に通水を開始し、アッパー・ネピアン・ウォーター・サプライ・スキームが完成する一八八八年までの二年間、この施設は稼働した。

ダムの建設

しかし、このスキームは一時しのぎに過ぎなかったことが明らかになる。一九〇一年から翌年にかけて、またシドニーは大干ばつに襲われたからだ。そのため、四つの川の上流にそれぞれカタラクト、コルドー、エイボン、ネピアンのダムを造る計画に至った。一九〇二年から三五年にかけて建設されたこれらのダムに水を貯え、供給できる水量を約九倍に増やしたのである。

四つのダムは、コアに砂岩ブロックを使った巨石積みで造られている。それらは、両岸のタワーからケーブルを張って運んだ。重さ約一〇トンの運搬が可能なケーブルはアメリカから購入し、同時にエンジニアも来て設置した。

これらのダムのうち、カタラクトダムの上流面遮水壁がプレキャストのコンクリートブロックとなっているほかは、上下流面遮水壁はコンクリートからなる。コルドーダムとエイボンダムの監査廊入口は、当時の人々がエジプト学（エジプトロジー）に魅了されていたことから、エジプト様式となっている。エイボンダムにあるジグザグの洪水吐は、流入長を長くして多量の水を放流させるためである。ネピアンダムでは、両岸の移動のために吊橋が架けられた。

建設中のカタラクトダム（提供：WaterNSW）

ダムの諸元

名称	完成年	構造	堤高	堤頂長	貯水容量
カタラクトダム (Cataract Dam)	1907年	表面遮水壁型（直線）重力式	56m	247m	9,430万m³
コルドーダム (Cordeaux Dam)	1926年	表面遮水壁型（曲線）重力式	57m	405m	9,364万m³
エイボンダム (Avon Dam)	1927年	表面遮水壁型（曲線）重力式	72m	223m	21,436万m³
ネピアンダム (Nepean Dam)	1935年	表面遮水壁型（曲線）重力式	82m	216m	7,017万m³

それぞれのダム建設作業員のために、当初はテント村だったものを町として造り換えた。町には学校、ホール、病院や救急車が備わっていた。ダムが完成するたびに建設装置と建物が解体され、多くの作業員とともに次のダム現場へ移動した。一九九五年、カタラクトダムはその建設の偉業を称えられ「ナショナル・エンジニアリング・ランドマーク」に認定された。

人口増加に伴って

シドニーの人口は一八八八年の約三〇万人から、一九三九年にはその五倍の一五〇万人へと増大していた。そして一九三四~四二年の八年の間、シドニーは再び干ばつに見舞われることになった。これにより、ワラガンバダムの建設が進んだのである。一九四八年に建設が始まり一九六〇年に完成した重力式コンクリートダムで、堤高一四二メートル、堤頂長三五一メートル、貯水容量二〇億立法メートル。その形状から「ヒューズ・プラグ」と呼ばれる土と岩石でできた補助洪水吐は、万が一、水が越流する程になると、この土と岩石も一緒に流れ落ちる。ダム本体の損傷を防ぐ役割を持ち、日本では見られないシステムだ。

ワラガンバダムと補助洪水吐

小規模の水力発電所も併設されているワラガンバダムは、シドニーとその近郊に住む三七〇万の人々に美味しい水を供給している。これが建設されたことで四つのダムからの水は、シドニー近郊の小さな町への供給に変更されたが、いまでもシドニーの水の平均二〇パーセントを供給し、最大四〇パーセントまでの供給が可能だ。さらに、ワラガンバダムのメンテナンス等の際には、バックアップ機能として活躍している。

日本の類似土木施設　玉川上水

類似点　都市に新鮮な水を届ける

概　要　一六五二（承応元）年、幕府は多摩川の水を江戸に引き入れる計画を立てた。工事請負人に、庄右衛門と清右衛門兄弟が命ぜられた。そして翌年の一一月一五日、羽村取水口から四谷大木戸までの約四三キロメートル、標高差がわずか九二メートルの素掘りの自然流下方式による導水路が完成した。翌年六月には、虎の門まで地下に石樋や木樋による配水管を布設し、江戸城をはじめ、江戸府内南西部一帯に給水していた。現在は、羽村取水口から取り入れられた多摩川の原水は下流五〇〇メートルの第三水門を通過すると、村山貯水池（自然流下方式）と小作浄水場（ポンプ圧送）に送水され、その残りが玉川上水を流れる。

所在地　東京都

◆現地を訪れるなら◆

夜のデートスポットは、ダーリング・ハーバーがお勧め。多くの施設が集まり、夜景がとても美しく、大勢の観光客などで賑わう。その景色を見ながら味わうステーキは格別だ。目の前のコックル湾を横断するのが、長さ三七〇メートルのピアモント橋だ。一四径間のうち、中央の二径間が旋回する。当初は自動車が通っていたが、一九八一年に歩道橋となった。ここからの眺めも素晴らしい。

Engineering's Heritage

［オーストラリア シドニー］
ハーバーブリッジ
港湾都市シドニーのゲート

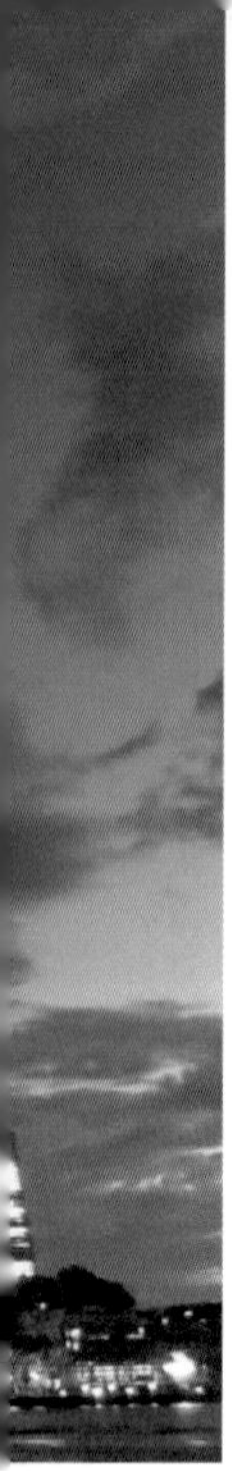

シドニーの顔

シドニー湾に面して建ち並ぶビル群と、岬に佇むオペラハウス。そして、湾を跨いでそびえるハーバーブリッジ。シドニーと聞いて、多くの人々が思い浮かべる風景ではないだろうか。

シドニーは人口四〇〇万の大都市で、ハーバーブリッジは中心街と北岸の郊外部を結ぶ橋梁である。全長はアプローチ部分も含め一一四九メートル、幅員は四九メートルにも及び、その上には八レーンの車道と二レーンの鉄道、そして歩道も整備された非常に大きな橋である。

完成は八五年以上前になるが、いまでも一日の交通量は一五万台を数える大動脈で、サーキュラーキーなどの港からはさまざまな船舶が発着し、日々、橋の下を行き来している。このようにハーバーブリッジは、シドニーの風景においても、人や物の移動にとっても欠かせないシドニーの顔とも言える存在となっている。

シドニーは、一八世紀末に入植された比較的新しい都市で、ハーバーブリッジが建設されたのも入植から一五〇年も経過していない時代のことである。いまなお大都市を支え続ける、この巨大な橋は、なぜ建設されたのだろうか。

シドニー発祥とアメリカの独立

ハーバーブリッジの建設は、シドニーの発祥が大きく関わっており、そしてシドニーの発祥は、遠く離れたイギリス・ロンドンの事情、ひいてはアメリカの独立にもつながりがある。

一八世紀末、ロンドンでは都市部への人口流入による治安の悪化や犯罪が多発し、大きな社会問題となっていた。犯罪者を逮捕しても入れる刑務所が不足するありさまで、拘束した犯罪者は当時植民地だったアメリカに、労働力として買い取られる仕組みが構築されていた。しかし、一七七六年にアメリカが独立を果たすと、アメリ

北岸から望むハーバーブリッジ

カ政府は流刑者の受け入れを拒否し、イギリスは彼らを送り込む代替地を探す必要が生じた。そして、アフリカのナミビアなどの世界中の植民地から候補を検討した結果、オーストラリアのボタニー湾が選定されたのである。

選定から一五年ほど前のジェームズ・クック船長の報告では、ボタニー湾周辺は肥沃な草原で、農牧に適した土地とされていた。そのため、イギリスは一一隻の船団を仕立て流刑者をボタニー湾へと送り込むことにした。彼らは短い刑期の後、その地域で自立型の居留地をつくることが求められており、流刑者とはいえ、新たな土地を切り開く活力にあふれる人々でもあったと考えられる。

しかしボタニー湾に到着した人々は、その光景に驚いたのではないだろうか。報告とは異なり、そこは低湿地で、早期に農耕ができる環境ではなかったのである。困り果てた彼らは新たな入植地を探し、ボタニー湾から一〇キロメートルほど内陸に切り込んだシドニー湾を入植地に選定した。この場所は、現在もロックス地区と称される岩の多い場所ではあるが、水源があったことが選定に有利に働いたとされている。

シドニーが抱えた問題

だが、低平なボタニー湾ではなく、深く切れ込んだシドニー湾を入植地に選んだことが、一〇〇年後、新たな問題を引き起こしたのである。

入植者たちが上陸したシドニー湾南岸は一九世紀から二〇世紀にかけて、オーストラリアの中心都市として成長を続けていた。しかし、もともと湾が切れ込んだ複雑な地形をしているシドニーでは、人口の増加につれ、南岸だけでなく北岸にも人が住みつき、湾は通勤のためのフェリーであふれかえる状態となっていた。ピーク時は年間四七〇〇万人のフェリー利用者がいたと言われ、シドニー湾の海上交通はパンク状態であった。シドニーが成長し続けていくために は、南北岸を結ぶ橋が必要不可欠なものになっていたのである。

シドニー湾両岸に広がる市街地（中央にハーバーブリッジ。上が太平洋。右側が南岸の中心市街地）

ハーバーブリッジの建設

シドニー市街地およびシドニー湾の状況から、一八一五年のフランシス・グリーンウェイ案、一八八一年のJ・E・ガルベット案など、何度も架橋案は出されていた。しかし船が頻繁に往来する水深約五〇メートル、幅約五〇〇メートルの海上に橋を架けるには、社会的な後押しや多額の財源、そして何より強力に推し進める人材が必要で、ジョン・ブラッドフィールドという技術者の登場を待たなければならなかった。

一八六七年にクイーンズランドで生まれ、シドニー郊外のカタラクトダム等の建設にも参加していたブラッドフィールドは、ニューサウスウェールズ州政府の技術者として、橋梁だけでなく、鉄道や路面電車等の交通システムなど広範囲に知見があり、都市全体の将来を見据えてハーバーブリッジの必要性を訴え、建設を実現させたのである。

アプローチ道路から望むハーバーブリッジ。交通の大動脈となっている

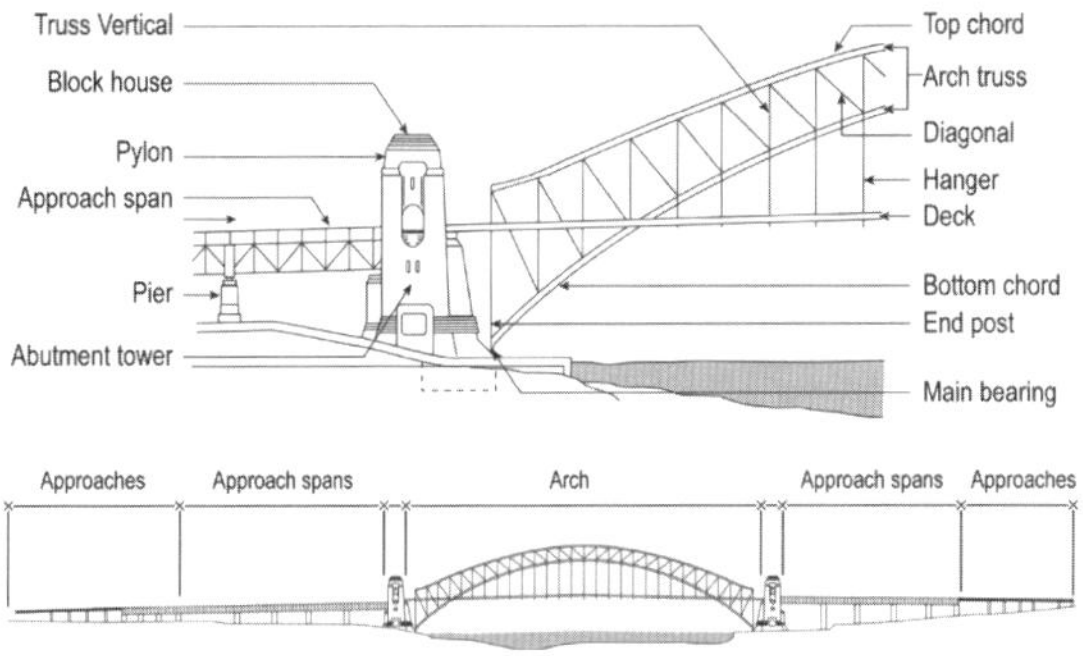

ハーバーブリッジの側面図（提供：ARCADIS）

ブラッドフィールドは、国際コンペを通じてイギリスのドーマン・ロング社を施工者に選定し、同社の構造技術者ラルフ・フリーマンとともに、一九二三年七月二八日にシドニー北岸のアプローチ部分から建設を始めた。

ハーバーブリッジは、五〇三メートルの鋼アーチ主径間部（中路式ブレースドリブアーチ）と、それにつながる両側のアプローチ橋から構成され、全長は一一四九メートルである。デッキは海面から五二メートル、アーチの頂点は海面から一三四メートルの高さに設計

ジョン・ブラッドフィールド
（Pylon Lookoutの展示資料）

された。アプローチ部分は、小塔の上に橋桁を架けながら建設されたが、一部既存道路と交差する箇所では、コンクリートアーチが用いられている。交差箇所の一つにアーガイルカットと呼ばれる箇所がある。一八四三〜六七年に人力で岩盤をくり貫いた深さ約一〇メートルの掘割りは、現在に至るまで特に支えもなく自立しており、堅牢な岩盤があったからこその構造である。

鋼アーチ建設を支えたケーブル

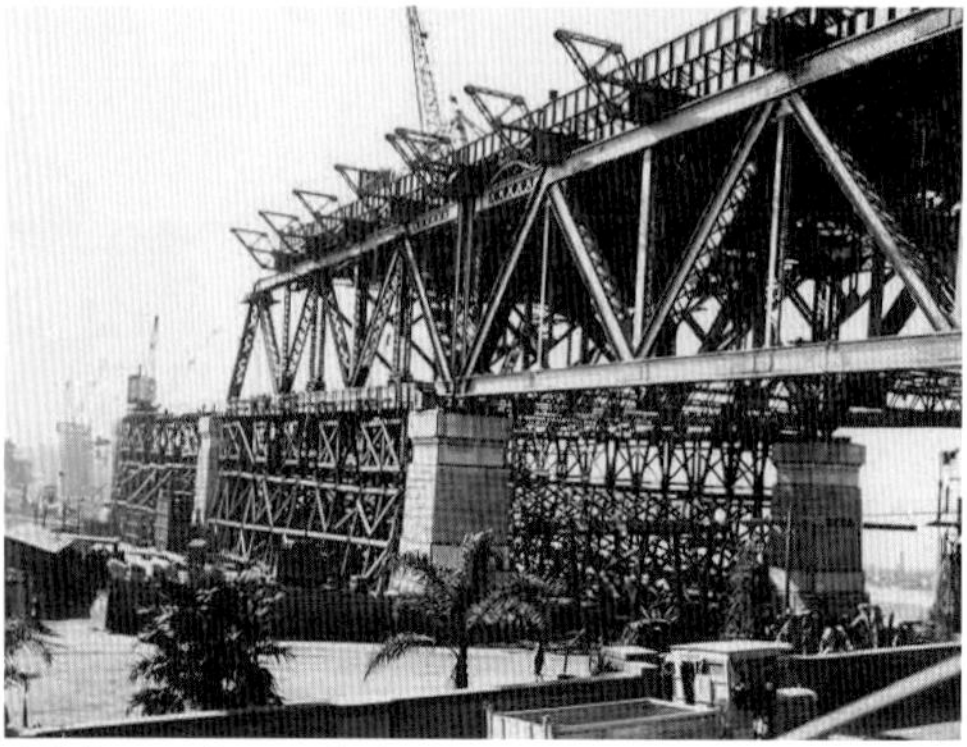
建設中のアプローチ部（提供：ARCADIS）

アプローチが終わると、アーチ本体と大塔（パイロン）の建設が始まった。まず北岸のラベンダー湾に、荷揚場と資材加工のための工場が建設された。荷揚場にはイギリスから船で輸入した鋼材が陸揚げされ、工場では切断やリベット穴の加工等が行われ、橋のパーツが造られていった。当時、高価であった鋼を節約するため、部材の多くは細い鋼材を組み合せた形状となっている。

パイロンの建設に用いられた花崗岩は、海岸沿いを南西に約三〇〇キロメートル離れたモルヤで切り出され、艀《はしけ》で運搬された。パイロンの基礎はアーガイルカットと同様、岩盤を約一〇メートル掘削した上に設置された。脚柱部分は、その上にコンクリートと花崗岩を積み上げて築造していたが、四七メートルの高さで一旦中断し、そこにアーチを組み上げる巨大なクレーンを設置した。

アーチ構造は、円弧がつながってはじめて安定する。北岸と南岸からそれぞれ建設が始められたハーバーブリッジでは、円弧が完成するまでは別の方法で安定させなければならなかった。その方法は、まずパイロン背面の岩盤に橋と直角方向にトンネルを掘る。そしてアーチの上弦部材にケーブルを結び、そのケーブルをトンネルに通して同岸側のもう一つの上弦部材につないだ後に緊張する。つまり、建設中の両アーチ部材につないだケーブルが、岩盤トンネルの中を通る形である。U字形になった架設ケーブルが、岩盤トンネルに引っかけられて支える仕組みであった。アーチは一九三〇年八月までの約二年間、シドニーの岩盤によって支えられていたのである。

七二台の機関車による耐荷力テスト

アーチを支える巨大なヒンジ支承がパイロンの足もとに設置され、キングポストと呼ばれる支柱が組み込まれた。建設にはパイロンに設置した巨大クレーンのほか、アーチ部材上を移動できる小型のクレーン（クローラークレーン）が活躍していた。

アーチの部材は、北岸の工場から艀で運ばれ、海上でクローラークレーンに吊り上げられ、リベット接合され、アーチの一部となる。そしてつながれた部材の上をクローラークレーンが移動し、次のパーツを吊り上げていくのである。クレーンが走行していた箇所は現在、メンテナンス用の設備が設置されている。一九三〇年八月、急ピッチで建設されていたアーチが閉合され、二年間アーチを支えてきた架設ケーブルは取り外された。

次に、車や人が渡るためのデッキ部分と、アーチとデッキをつなぐ支柱が九か月かけて建設された。その後、建設途中のパイロンに設置されていた巨大クレーンが撤去され、残りの上半分が完成した。こうして高さ八九メート

建設中のアーチをケーブルで引っ張り、アーチ上をクローラークレーンが走る（提供：ARCADIS）

可動式メンテナンス設備と鋼材を組み合せた形状の部材

石炭が満載された機関車が並ぶ耐荷力テスト（提供：ARCADIS）

アーガイルカットにかかる南岸アプローチ部

ルのパイロンが立ち上がり、一九三二年一月、八年半をかけた工事が終了したのである。
翌月には、シドニー地域から石炭を満載した七二台の機関車が集められ、それを橋の上に並べて耐荷力テストが実施された。そして、開通式を迎えることができたのである。

パイロンの意味

現在、橋には八レーンの車道が整備され、うち一レーンはバス専用となっている。その他に、鉄道が二レーンと歩道も設置されている。

幅は四九メートルに及び、八五年前に建設された橋としては途方もなく広い。この幅員はブラッドフィールドが強く主張したためと言われる。交通マネジメントも担当していた彼は鉄道用として四レーンを確保しており、以前は二レーンの鉄道と二レーンのトラムが並走していた。ブラッドフィールドは将来のシドニーの拡大と、南

北岸のパイロン

8レーンの車道と2レーンの線路からなる
現在の橋とサーキュラーキー（左側）

南岸のパイロン

南岸のヒンジ支承とパイロン

北両岸市街地の一体化の要となるハーバーブリッジの重要性を強く認識していたのだろう。

また、ドーマン・ロング社が提案した七形式案から、彼は構造的にはまったく不要なパイロンのある案を選定した。建設中にクレーンの足場として活躍はしたものの、現在は展望台、事務所、ハーバートンネルの換気塔としてしか利用されていないのである。なぜ、ブラッドフィールドは建設費が膨らむパイロンの設置にこだわったのだろうか。それは「美しさ」を求めてのことであったと言われている。シドニーを世界に開かれた港街としていくために、橋の両端にパイロンを建設することで、人を迎え、送り出すゲートを造りたかったのだろう。

パイロンは、シドニー市民をはじめとする人々の意識にハーバーブリッジの姿を根づかせ、世界中から人々を迎えるシドニーの印象を植えつけている。それは構造的には無意味でも、十分に意味のある試みであった。

橋を眺められるウォーターフロントは市民の憩いの場となっている

シドニーのゲート。夕暮れのハーバーブリッジ

ブラッドフィールド・パークから望む

日本の類似土木施設　東京ゲートブリッジ

類似点　都市における海のゲート

概　要　東京都の中央防波堤外側埋立地と江東区若洲を結ぶ橋として、二〇一二（平成二四）年に開通した東京ゲートブリッジは、恐竜が向かい合っているように見えることから「恐竜橋」とも呼ばれる。湾内の船舶交通による桁下高さ制限（約五五メートル）や、羽田空港が近く、高さ制限（橋梁高屋約八八メートル）があり、トラス橋が採用された。橋梁としては二六一八メートルあり、そのうち主橋梁部が七六〇メートルだ。一般道路だが、原動機付自転車や自転車の通行はできない。歩行者だけが若洲側昇降施設より、都心側のみに設置されている橋上の歩道部へ昇ることができるが、中央防波堤側へ降りることはできない。

所在地　東京都江東区～中央防波堤外側埋立地

◆現地を訪れるなら◆

ハーバーブリッジでは、ブリッジクライムがお勧めだ。つなぎ服に着替え、ハーネスを付け、約三時間半のツアーは海抜一三四メートルのアーチ頂上まで登れる。下の道路に物を落とすと大事故につながり、カメラなどの私物は持ち込めない。しかし、要所で写真は撮ってくれる。頂上での記念写真だけはもらえるが、他は有料だ。ロマンチックなナイトクライムもあるらしい。

［ニュージーランド クライストチャーチ］ リトルトン鉄道トンネル 市街地と港をつなぐ

ニュージーランド最古の鉄道トンネル

緑が多く、「英国以外で最も英国らしい」と評されるニュージーランド南島第一の都市クライストチャーチは、一八五六年七月に英国国王の勅許状によって、ニュージーランドで最初の市として誕生した。街の名前は、初期の入植者の多くが、英国オックスフォード大学・クライストチャーチカレッジの出身者であったことに因み命名された。英国様式の建物が立ち並び、イングリッシュガーデンが広がる落ち着いた街である。

中心部の南西にあるクライストチャーチ駅から東に延びる鉄道は、しばらく進むと南東に向きを変えた後、ヒースコートの丘をトンネルで抜け、バンクス半島の対岸にある静かな港町リトルトンに至る。このトンネルがリトルトン鉄道トンネルだ。一八六七年一二月九日に開通したニュージーランド最古の鉄道トンネルは、かつての火山体を貫いた世界初の鉄道トンネルである。一五〇年経ったいまでも現役で、一週間に五〇本の貨物列車が通過する。ヒースコートの丘に小さい坑口が覗く延長約二五二〇メートルのトンネルは、なぜ建設されたのだろうか。

火口が自然の良港に

約一一〇〇万～六〇〇万年前、クライストチャーチの南東に広がる現在のバンクス半島周辺は海であった。そこにリトルトンとアカロアという二つの火山体があり、それらが噴火したことで火山島が誕生した。約六〇〇〇年前になると、南島の背骨にあたるサザンアルプス山脈からの堆積物と、北西側のカンタベリー平野からの風成土により、火山島は南島とつながって半島となった。

一五世紀頃には、マオリ族が北島からこの地域に移り住んできた。バンクス半島の中心地アカロアは、マオリ語で「ロングハーバー」という意味だ。一七七〇年には、第一回世界探検航海に出ていたジェームズ・クック船長がこの半島を発見し、乗船していた植物学者の名前からジョセフ・バンクスと名づけた。リトルトンは、リトルトン火山体の最初の火口があった場所であり、水深が深

ヒースコートの丘とトンネル

いことから自然の良港として発展することになる。

二つのルート案

一八五〇年、リトルトン港に英国からの最初の移民船四隻が到着した。以来、ヨーロッパからの大勢の入植者により輸出入が盛んに行われ、リトルトン港は産業と商業の中心として栄えた。一方、クライストチャーチ中心市街地は海の近くに位置しながらも、丘で隔てられていたため、リトルトン港からの物資輸送に課題を抱えていた。当時、入植者がリトルトン港とクライストチャーチ中心部を行き来するには、ポートヒルズを越えてブライドルの細道を登るか、小型船を使ってサムナーの砂州を横切り、ヒースコートかエイボン川

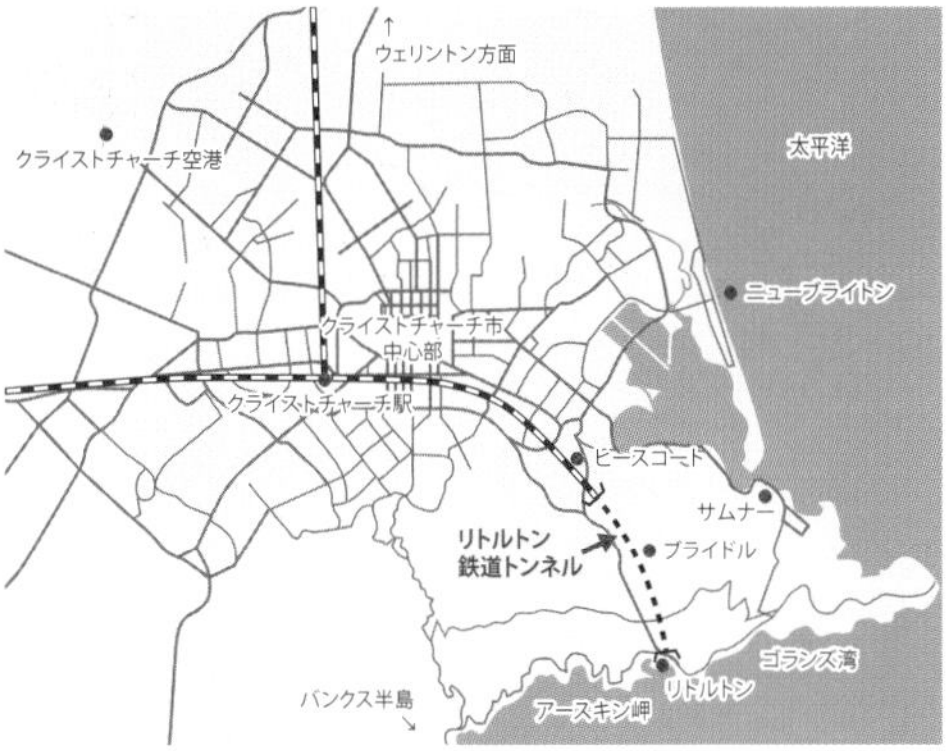

周辺位置図（作成：株式会社大應）

を通るしかなく、重い荷物をクライストチャーチ中心部まで運ぶことができなかったのだ。

そこで、一八五三年一一月に組織されたカンタベリー州地方評議会は、この二つの地域を結ぶ新たな鉄道ルートの検討を始めた。ルートは二案あった。一つはヒースコートの谷を下り、リトルトンの波打ち際まで約二・五キロメートルのトンネルを通る直線ルート、もう一つはヒースコートとエイボン川の河口を経由して、海岸を通ってサムナーへ行き、短いトンネルでゴランズ湾とリトルトンとをつなぐ迂回ルートだった。しかし、評議会はどちらがいいルートかを示すことができなかったため、計画は進展しなかった。

一八五八年になると、ウィリアム・セフトン・ムーアハウス知事が、ルートの再検討を指示した。これを受けて評議会は四〇〇〇ポンド（現在の約二・八億円）の予算を取り、プロジェクトの入札を行うことにした。議長

ヒースコート側坑口

リトルトン港

トンネル開通前のブライドルの細道

トンネルの内部（提供：Harves Photo）

リトルトン港全景

W・B・ブレイの働きかけで、評議会は実現に向けて州委員会を設立し、当初の二つのルートについての評価を開始した。

エンジニアであるエドワード・ドブソンは、迂回ルートが好ましいと考えていた。それはゴランズ湾が深海のため、浚渫しなくても船舶を桟橋に停泊させることができるからであった。しかし、このルートにはいくつか問題があり、その一つがリトルトンを迂回することだった。リトルトンはすでに商業化が進み、重要な設備も備えつつあったが、ゴランズ湾には港の施設用の土地が不足していたのである。

一方、鉄道の父と称された英国の土木技術者ジョージ・スティーブンソンの息子であるロバート・スティーブンソンは、すべての場所へのアクセスが最短という理由で直線ルートを支持した。工事期間が五年の迂回ルートに比べ、直線ルートは三年であること、直線ルートの工事費は迂回ルートに比べて三二パーセント削減可能で、メンテナンス費用も安くなると主張したのである。スティーブンソンの提案を受入れた評議会は、彼に英国の工事業者の入札参加を要請した。

頓挫した計画

入札の結果、カンタベリー州政府は、英国のジョン・スミス&ジョージ・ナイト社と五年でプロジェクトを完成させる契約を締結。一八五九年末には、エージェントとチーフ、そして掘削者一二人がニュージーランドに派遣された。掘削者たちは早速、トンネルの両側から掘削を開始した。するとリトルトン港側の掘削者が、仕様書に記載されていたよりも岩盤が硬く工事の難易度が上がったとして、追加費用三万ポンド（現在の約二一億円）を要求した。そのため、州政府はこの会社との契約を打ち切ることを決め、ムーアハウス知事は改めて工事業者の入札を行うこととし、評議会で資金調達の目処が立つまでは工事を実施しないことを決めた。

複雑な地層を紐解く

その後、ドブソンが「トンネル工事が難航しているのは岩盤の硬さではなく、漏水が原因である」とするレポートを発表し、地質学者のジュリアス・フォン・ハーストも同意した。ドブソンはトンネルの両側で追加の立坑を掘り、漏水を排出することを提案し、ハーストは多数の溶岩

建設中のリトルトン港側の坑口（提供：IPENZ）

リトルトン港側の坑口（提供：Harves Photo）

層からなるトンネル地質断面図を完成させた。トンネル掘削時に明らかにされたこの周辺の地質は、全一七四層もの火山噴出物から構成されていた。さらに、これらの地層の割れ目にマグマが貫入して板状に固まった三二枚の岩脈も認められた。

一八六一年七月、州政府はオーストラリアのジョージ・ホームズと契約し、ヒースコート側のトンネル工事を再開した。ちょうどアメリカ西海岸のゴールドラッシュの頃であり、労働者の獲得が難しかったが、英国の鉱山労働者を含めて約一七〇人の労働者が雇用された。

トンネル工事は手作業で行われ、岩盤をドリルで穿孔し火薬を装填して発破した。トンネルの掘削ズリは、リトルトン港西側のアースキン岬の海岸の埋立てに利用された。掘削速度は一日に約一・七メートルで、貫通時にはリトルトン側の切羽《きりは》に火薬

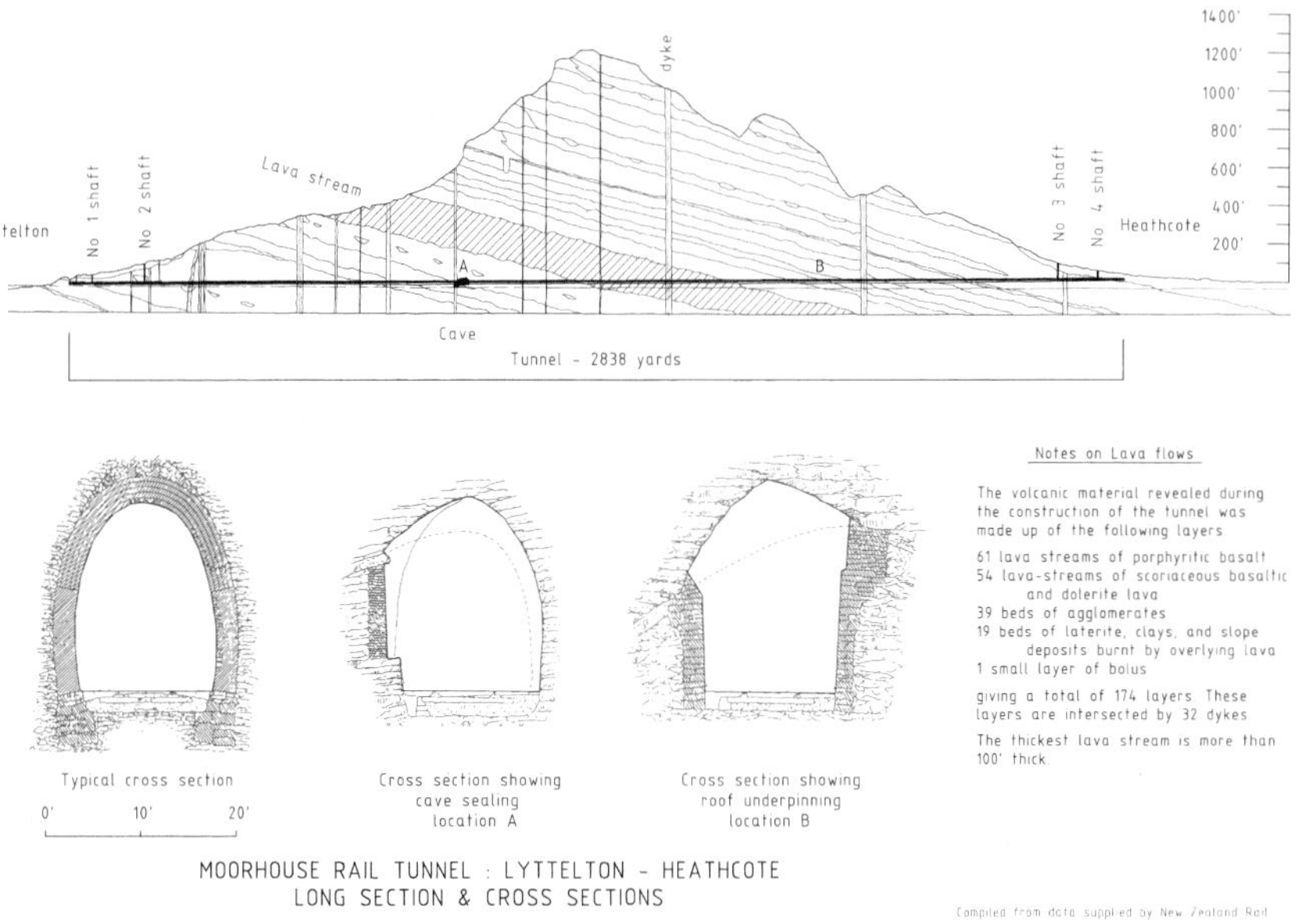
1400'
1200'
1000'
800'
600'
400'
200'
dyke
Lava stream
Lyttelton
No 1 shaft
No 2 shaft
No 3 shaft
No 4 shaft
Heathcote
A
B
Cave
Tunnel – 2838 yards
Notes on Lava flows
The volcanic material revealed during the construction of the tunnel was made up of the following layers
61 lava streams of porphyritic basalt
54 lava-streams of scoriaceous basaltic and dolerite lava
39 beds of agglomerates
19 beds of laterite, clays, and slope deposits burnt by overlying lava
1 small layer of bolus
giving a total of 174 layers. These layers are intersected by 32 dykes
The thickest lava stream is more than 100' thick.
Typical cross section
0' 10' 20'
Cross section showing cave sealing location A
Cross section showing roof underpinning location B
MOORHOUSE RAIL TUNNEL : LYTTELTON – HEATHCOTE
LONG SECTION & CROSS SECTIONS
Compiled from data supplied by New Zealand Rail

トンネルの地層縦断図と横断面図（提供：IPENZ）

を装填し、ヒースコート側の切羽に割れ目を生じさせた。こうして、一八六七年五月二四日の朝、リトルトン側の坑夫がヒースコート側に向けドリルで穴をあけ、リトルトンに向かって約三・七五パーミルの下り勾配である長さ二五二〇メートルの単線トンネルが貫通したのである。ドブソンの測量技術により、両側のずれは数センチメートルだけだった。

生活を変えたトンネル

一八六七年一一月一八日、最初の試験列車がトンネルを通過した。一二月九日の朝九時には、最初の乗客を乗せた列車が蒸気機関車に牽引され、クライストチャーチ駅を出発。リトルトンまで三〇分、トンネル通過は六分三〇秒足らずで、煤煙に対する苦情も少なかった。休日には「トンネルを通ってみたい」という、リトルトンの人口の三分の一近い約二〇〇〇人が訪れる盛況ぶりであった。

クライストチャーチ市街地とリトルトン港をつなぐこのトンネルは、カンタベリー地方の経済的発展に大きく貢献した。街から農場へ物資を運ぶとともに、家畜や羊毛、穀物を農場へ運ぶこともできるようになり、小麦や農産物の輸出にも相当な利益をもたらした。農業組合や販売業者は英国へ小麦を輸出し、さらに広い農地の開拓によって英国羊の良質なウールの生産が行われるようになった。さらに、輸送が容易になっただけでなく、港で働く人がクライストチャーチ市街地に居住して通えるようになったのである。

　また、トンネルの開通は、リトルトンの水供給問題の解決にも貢献した。リトルトン側の坑口付近には主要な水源があり、一日あたり約二七万リットルの水が湧き出ていた。分析の結果、飲料用に最適なミネラルウォーターであることがわかり、ポンプ付きのタンクが導入され、町周辺地区へと配水された。

発展の礎

　開通した鉄道は、蒸気機関車のトンネル内の煤煙の問題もあり、一九二九年から七〇年にかけて電化された。しかし電化は、トンネル区間であるクライストチャーチ駅とリトルトン駅間だけで、車両老朽化のタイミングでディーゼル車両に更新された。また、当初一六〇〇ミリメートルであった線路幅も、一八七七年に国の線路幅規格が一〇六七ミリメートルに統一されたことに伴い、三線区間となる移行期間を挟んで変更された。

　長く地域を支えたリトルトン鉄道トンネルであったが、短距離輸送の主役は、時代の変遷とともに鉄道から道路へと交代していくこととなる。現在、リトルトン鉄道の主な輸送物資は、石炭、木材、鋼鉄、その他コンテナ輸出入品などの重量物となっている。

　沢山の木材が積まれたリトルトン港と小さなリトルトン鉄道トンネルの坑口からは、かつてニュージーランド南島の発展に大きく貢献した港とトンネルであったことは窺い知れないが、いまもニュージーランドの鉄道トンネルの中で六番目の長さを誇り、今日も静かにその役割を果たしている。

雪景色のヒースコート側坑口（提供：Harves Photo）

日本の類似土木施設　清水谷戸トンネル

類似点　現役最古の鉄道トンネル

概　要　東海道本線の横浜～戸塚間には、延長二一三・七メートルの清水谷戸《しみずやと》トンネルがある。上り線のトンネルは、一八八七（明治二〇）年に工部省鉄道局によって建設された。これは鉄道トンネル建設順位においては一七番目にあたり、現役としては最古の鉄道トンネルだ。下り線のトンネルは、一八九八（明治三一）年の複線化工事にともなって建設された。両トンネルの側壁部は当初レンガ造りだったが、一九二五（大正一四）年の電化工事にともなってコンクリート造りに改築され、現在に至っている。

所在地　神奈川県横浜市

◆現地を訪れるなら◆

二〇一一年二月二二日の地震で崩壊したクライストチャーチ大聖堂。二〇一三年八月、日本人建築家・坂茂氏が手がけた紙管を使った仮設大聖堂がオープンした。主要部分は、防水や難燃加工されている大小さまざまな筒状の紙で造られている。正面にはステンドグラスも施されていて、とても仮設とは思えない。クライストチャーチの新たな観光名所になっていて、お勧めだ。

【ニュージーランド オークランド】グラフトン橋 オークランドの威厳を示す

創成期のオークランドを代表する風景

ニュージーランド北島にあるオークランドは、「帆の街」の愛称で親しまれるほど、無数のヨットが浮かぶ美しい港町。複雑に入り組んだ海岸線を持ち、四八もの死火山が織りなす土地に造られた起伏の激しい都市である。

火山が形成した谷間を人々が往来するため、街の発展とともに多くの橋が造られてきた。

そんな橋の一つ、グラフトン橋は、海岸から少し離れたグラフトン渓谷を跨ぐ市中心部と郊外部とを結ぶ道路橋である。橋が建設された一九一〇年当時、緑豊かな周辺と海岸線や往来する船を望む景観は、オークランドの絵はがきに用いられるほど素晴らしいものであった。周辺の都市化により、ビルや道路に囲まれるようになった現在でも、海を見渡すことができる。

アプローチを含めた全長が約三〇〇メートルとなるグラフトン橋は、支間九七・五メートル、高さ二五・六メートルの両支点部のほか、アーチクラウン（最高点）部にもヒンジを設けた三ヒンジの鉄筋コンクリートアーチ橋で、建設当時は世界一の長さを誇った。なぜ、世界一の長さを誇る鉄筋コンクリートアーチ橋が造られたのだろうか。

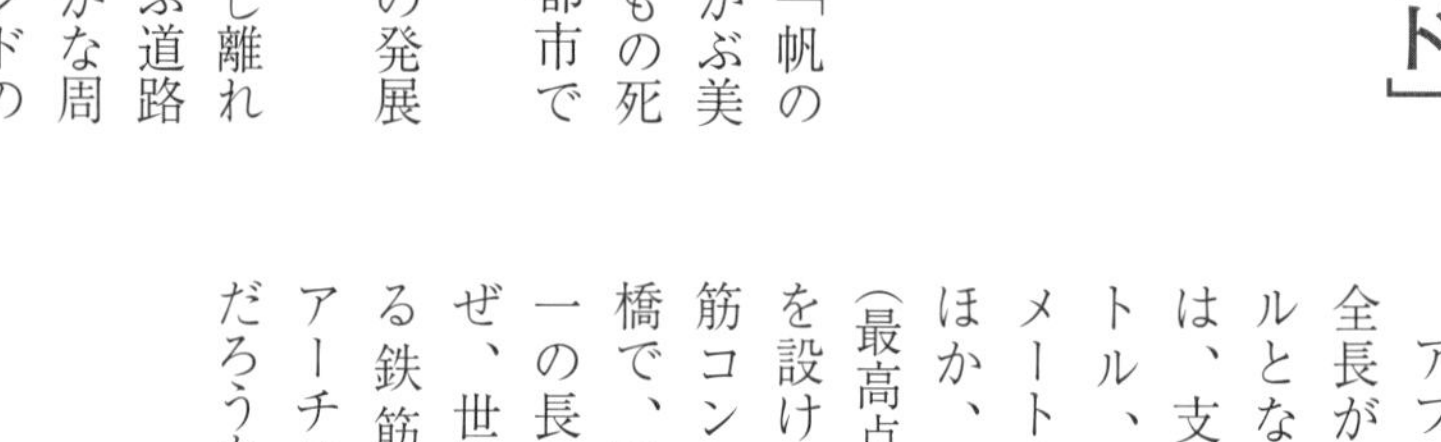

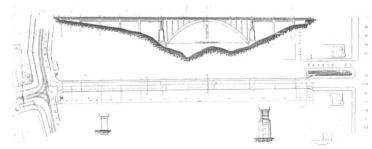

建設当時の一般図（提供：IPENS）

ニュージーランドとオークランド

ニュージーランドの歴史は、一七六九年イギリス人海洋探検家ジェームズ・クック船長により、二つの島であることが発見された時から始まる。植民活動が進んだ一八四〇年、イギリスは先住民族マオリとワイタンギ条約を締結し、ニュージーランドを併合した。そしてその翌年、初代提督ウィリアム・ホブソンが北島にあった都市を「オークランド」と名づけ、首都としたのが市の始まりである。

その後、南島の牧羊とゴールドラッシュによる人口増加から北島と南島が分裂危機に陥ったこともあり、一八六五年に首都がオークランドから地理的中間に位置するウェリントンに移された。しかし、併合後も土地を巡るマオリとの紛争が相次ぎ、ニュージーランドの停滞は続いた。

一九世紀後半になると、本国イギリスの産業革命の影響を受け、ニュージーランド全土に鉄道や道路網が整備され、冷凍技術によって食肉の輸出が可能となるなど徐々に国力をつけはじめた。そして一九〇七年、ついにイギリスから自治領として認められ、事実上一つの独立国として歩みはじめるのである。この間、オークランド

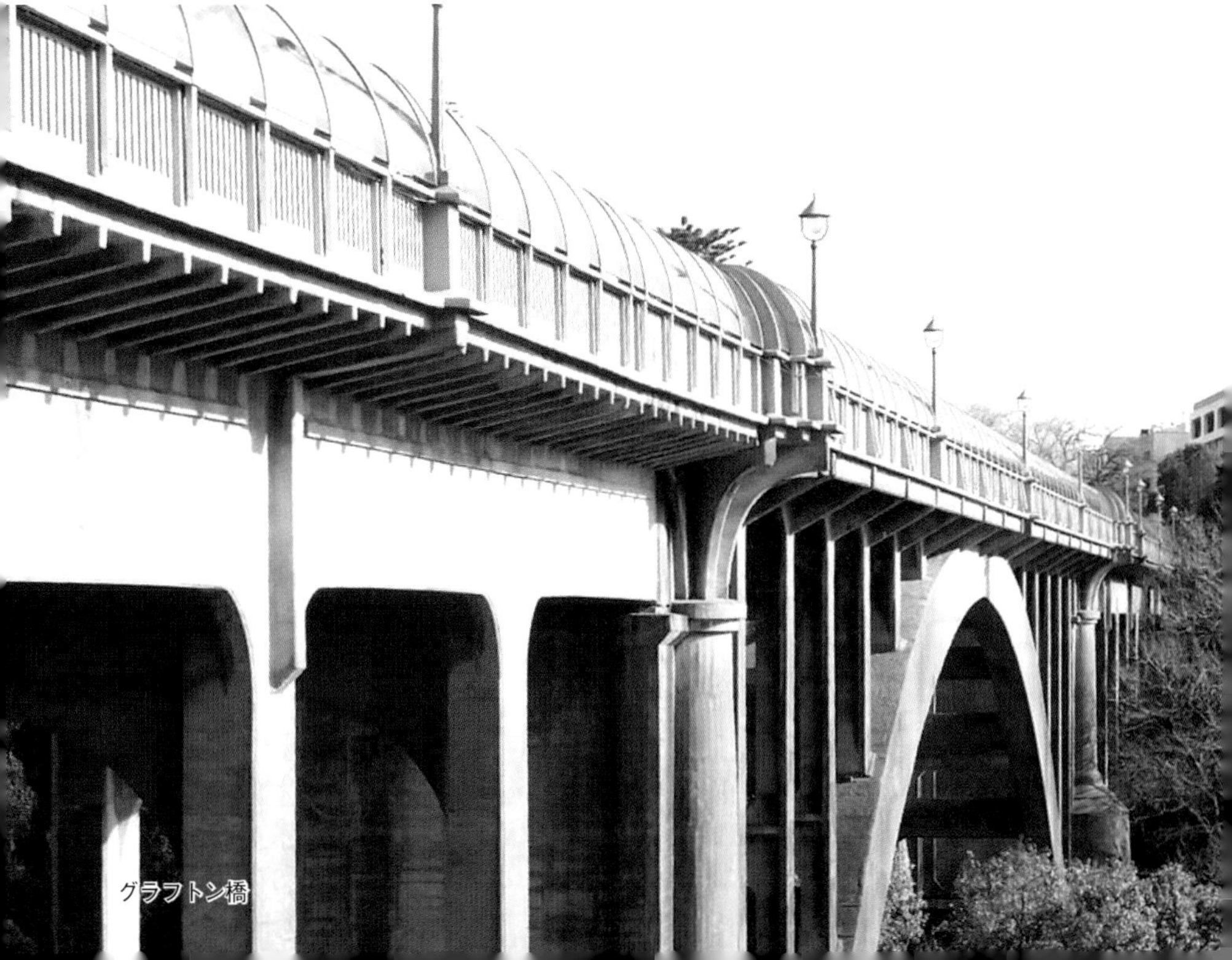
グラフトン橋

は、ウェリントンに政治の中心地を奪われたものの、ニュージーランドにおける商工業や経済の中心都市として急速な発展を遂げ、移民により人口が急増するようになった。

グラフトン橋の誕生に尽力した二人

オークランドが発展を遂げ、市域が拡大していくなかで、グラフトン渓谷の存在により行き来が困難であった西側の市中心部と東側の市立病院や公園との間を結ぶ橋の必要性が高まり、一八八四年、初代グラフトン橋となる木製歩道橋が完成した。しかし、この橋はひどく揺れることに加え、金属ボルトの腐食が進んだこともあって、馬車などが通れる本格的な橋への要望は強かった。

一九〇四年、オークランド市長アーサー・マイヤーズは「オークランドの人口は今後二〇年間で倍増し、その膨大な需要に応えるためには、広幅員の立派な道路橋が必要である」と主張し、反対者たちを説得した。結果として片側一車線ほどの幅員に落ち着いたが、彼に先見の明があったことは、いまとなっては明らかである。

マイヤーズは、現在では観光名所になっている市庁舎をはじめ、給排水や発電などの都市基盤整備に尽力した。晩年、彼が故郷イギリスに帰ることを「悲しむべき出来事」として市民が嘆くほど、オークランドにとって欠くことのできない偉大な人物であった。

二代目グラフトン橋の設計とデザインはコンペにかけられ、アメリカの会社による鋼橋とオーストラリアの会社による鉄筋コンクリートアーチ橋の二案が候補となった。オークランドの土木技術者ウォルター・アーネスト・ブッシュはこの二案を比較検討し、建設費は鋼橋が安価であったが、長期的な維持管理費まで含めると総合的に有利となる鉄筋コンクリートアーチ橋を採用したのである。

ブッシュは、いまでは当たり前となっているオークランド全域の道路・建物境界・水道・ガス管等の配置図を一九〇八年当時に作成したことで知られ、マイヤーズ市長とともにオークランドの都市基盤を造り上げた人物としても知られている。

世界一の橋はハンドメイド

グラフトン橋の建設は、一九〇七年にオーストラリアのフェロー・コンクリート社が落札し、技師長ロバート・フォーブズ・ムーアが橋の設計と建設を担当した。

一八六五年アメリカ生まれのムーアは、イギリスで教育を受け、工兵隊に参加した後、オーストラリアに移り、鉱山工学を学んだ。その後、フェロー・コンクリート社のオークランド支店のエンジニアとしてウォーターフロント計画に基づくさまざまな事業の監督を行い、オークランドの街並みの礎を築いた。

　鉄筋コンクリートアーチを造るための型枠に使用された木材は約四〇万本に及び、すべてオーストラリアから輸入された。型枠は粘土層や地下水の影響を受けつつ、谷の地形に沿って複雑な形状に合わせて作成する必要があったため、すべて手作業で作られた。さらにコンクリートは約一二〇〇トンを数週間かけて打設したが、手で混ぜ合わせたものを手押しの一輪車で運んで打設し、まさにハンドメイドで造り上げられた橋といっても過言ではなかった。

　完成を前にした一九〇九年、フェロー・コンクリート社が破産する事態に陥った。ブッシュは未完の橋の建設を継続させることを託され、部分払いや調達先への支払い猶予等を行い、なんとか翌年の完成に漕ぎつけた。

　ニュージーランドが自治領となった三年後の一九一〇年四月二八日、グラフトン橋は世界一の鉄筋コンクリートアーチ橋として日の目を見ることとなった。開通式には待ち望んでいた多くの市民も参加し、橋から波止場を望む雄大な景色を楽しみ、感激もひとしおだったであろう。

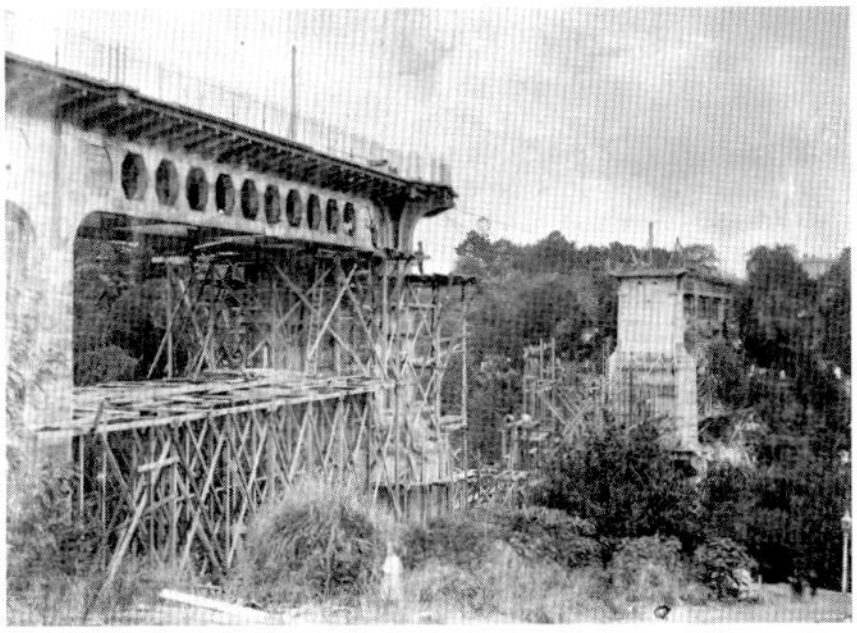
施工中のアプローチ部（提供：IPENS）

施工中のアーチ部（提供：IPENS）

施工中の舗装面（提供：IPENS）

　グラフトン橋は、市

歩道の屋根と眺望性を兼ね備えた防護壁

市民で賑わう開通式（提供：IPENS）

グラフトン橋全景（提供：IPENS）

建設当時のグラフトン橋全景（提供：IPENS）

長のマイヤーズ、市技術者のブッシュ、土木技術者のムーアらの活躍と、それを後押ししたオークランド市民の支えがあって世界に誇れる橋として完成したのだ。

手のかかる愛すべき橋

一九一〇年の完成から一〇〇余年、グラフトン橋は馬車から自動車への変化に対応しつつ、一九三六年に柱を追加する耐震補強、一九五三年に伸縮装置の交換、一九五七年にスパンドレル柱の修理と吹付けコンクリート、一九七三年にコンクリート部材の修繕、二〇〇〇年にパラペット取付といった維持補修を行ってきた。修繕の際に技術者たちは、市のランドマークである歴史的な橋に敬意を払い、外見上の影響を最小限にすることを念頭に計画した。

近年、大都市となったオークランドは、火山による起伏の激しい地形の上に築かれているため、グラフトン渓谷の底部を活かして高速道路が建設されるなど、限られた土地を有効に活用してきた。それでもモータリゼーションの進展に対し、通勤時間帯の交通渋滞は世界的にも有名なほど激しかった。

そこで市は、二〇〇九年に大規模な交通渋滞対策を実施し、バスの定時性を高めるため、グラフトン橋をバスとタクシーの専用道路橋として活用することとした。グラフトン橋は、一九七〇年から長らく八トン未満の車両重量制限が設けられていたが、四〇トンの車両にも耐えられるように強化する大規模補修工事が、二〇〇六〜〇九年に行われた。

谷底より望む優雅な曲線を描くアーチ部

オークランドの威信

一九〇〇年代当時、グラフトン橋のような一〇〇メートルほどの支間長の橋は、鋼橋としては珍しいものではなかったが、鉄筋コンクリートアーチ橋では世界一の長さを誇るものであった。

ニュージーランド北島にあるオークランドは、首都ウェリントンやゴールドラッシュに沸いた南島に押されていたものの、商工業や経済が栄え、ニュージーランドをけん引する都市として歩みはじめていた。グラフトン橋には、ニュージーランドの国威発揚と、オークランドの威信も求められていたのだ。前述のように、維持管理のコストが鉄筋コンクリートアーチ橋選定の主要な理由ではあったが、あえて「世界一」を目指して建設されたことも確かであろう。

オークランド市民の憩いの橋

グラフトン橋が建設された当時、二〇万人ほどであったオークランドの人口は、現在では一六〇万人を超えている。ニュージーランドの人口の三分の一に相当する人々が、この大都市に集中しているのだ。世界一の鉄筋コンクリートアーチ橋として名を馳せたグラフトン橋は、都市の成長に合わせて拡大した市域と近代的ビル群に囲まれ、いまでは街の一部として解け込んでいる。

平日は、渋滞対策の一部としてバスとタクシー専用道路、休日には歩行者天国として市民が集う憩いの場として活用されている。新しい命を吹き込まれたグラフトン橋は、建設から一〇〇余年経った現在でも、オークランド市民に親しまれているのだ。

橋はグラフトン渓谷を最短経路で渡ったため、以前からあった墓地公園の真上に建設されていて、橋の傍らにはオークランドの名づけ親ホブソンの墓もある。静かに眠るホブソンもニュージーランド最大の都市として発展したオークランドの姿を誇りに感じていることだろう。

太く大きなアーチ基部

墓地の真上に架かるアプローチ部

橋の傍らにある初代提督ウィリアム・ホブソンの墓

日本の類似土木施設　聖橋

類似点　鉄筋コンクリートアーチ橋

概　要　聖橋は、一九二三（大正一二）年九月一日に発生した関東大震災の復興橋梁として建設された鉄筋コンクリートアーチ橋で、一九二七（昭和二）年に完成した。神田川の美しい景観の中にあって、この橋のデザインには特に気を使い、橋長九二・四七メートル、幅員二二メートルのモダンなーチ橋が架けられた。その設計・デザインは山田守と成瀬勝武。橋名の由来は、北側にある史跡で江戸幕府の官学所「湯島聖堂」と、南側にある重要文化財でビザンチン風の建物「東京復活大聖堂教会（通称ニコライ堂）」の両聖堂に因んでいる。

所在地　東京都千代田区～文京区

◆現地を訪れるなら◆

MOTATの通称で知られる、オークランド市内中心部からバスで約二〇分の交通科学博物館がお勧めだ。ニュージーランドで活躍した車や機関車、飛行機が当時そのままの姿で保存されている。広い敷地には、交通や歴史の展示エリアと、マニア垂涎の飛行機の展示エリアがある。その間をレトロで可愛い路面電車が行き来していて、無料で乗車できる。

土木遺産年表

時代	年代	【歴　史】	【土木遺産】
縄文	*BC500*	BC550：アケメネス朝ペルシア帝国建国（～BC330） BC509頃：ローマ共和制開始	BC591：芍陂完成（中国、寿県） BC514：蘇州完成（中国、蘇州）
	BC400	BC403：中国、戦国時代始まる（～BC221）	
	BC300	BC334：アレクサンドロス大王の東方遠征（～BC324）	BC332：アレキサンドリア建設開始（エジプト、アレキサンドリア） BC312：アッピア街道建設開始（イタリア、ローマ）
弥生	*BC200*	BC272：ローマのイタリア半島征服 BC264：ローマ、ポエニ戦争開始（～BC146） BC221：秦、中国を統一 BC202：（前）漢成立	BC250頃：ラフン堰堤完成（エジプト、ファユーム） BC200頃：都江堰完成（中国、都江堰）
	BC100	BC141：（前）漢、武帝即位（～BC87）、（前）漢、全盛時代へ BC27：ローマ帝政始まる	BC1世紀頃：ダマスカス骨格完成（シリア、ダマスカス）
	0	BC7/4頃：イエス生誕 BC25：後漢成立	
	100	101頃：ローマ帝国の版図最大（「ローマの平和」を享受）	
	200	220：後漢滅亡、三国時代始まる 280：（西）晋、中国統一	
古墳	*300*	316：（西）晋滅亡、五胡十六国時代へ（～439） 395：ローマ帝国の東西分裂	
	400	439：五胡十六国時代終了、北魏の華北統一 476：西ローマ帝国滅亡	
	500	589：隋、中国統一	569：ヴェネチア建設開始（イタリア、ヴェネチア）
飛鳥 奈良	*600*	607：法隆寺建立 610：ムハンマド、イスラム教創始 618：唐成立（～907） 645：大化の改新が始まる 694：藤原京遷都（日本最初の本格的都城）	600頃：安済橋完成（中国、石家荘） 7世紀初頃：ドゥブロヴニク建設開始（クロアチア、ドゥブロヴニク）
平安	*700*	701：大宝律令の完成 710：平城京遷都 750：アッバース朝イスラム帝国成立（都：バグダード） 752：東大寺大仏開眼供養 793：ノルマン人（ヴァイキング）、西欧襲撃開始 794：平安京遷都	702前後：満濃池構築の記録（香川県、まんのう町）
	800	800：フランク王カールがローマ皇帝の帝冠を受ける 802：アンコール朝成立（～1432：カンボジア）後にアンコール=ワットを建設 862：ノヴゴロド国成立（ロシア最初の国家成立）	825頃：西湖の白堤完成（中国、杭州） 9世紀頃：バリの棚田拡大開始（インドネシア、バリ島）
	900	900頃：ノルウェー王国成立 960：（北）宋成立 962：神聖ローマ帝国成立 995頃：スウェーデン王国成立	900頃：熊野古道の部分的整備完了（和歌山県／三重県）
	1000	1016：藤原道長が摂政になる 1053：平等院鳳凰堂建立（藤原頼通） 1096：第1回十字軍遠征（～1099）	1020頃：西バライ完成（カンボジア、シェムリアップ） 1090頃：西湖の蘇堤完成（中国、杭州）
鎌倉	*1100*	1127：金により（北）宋滅亡、南宋成立（～1279、元により滅亡） 1155：スウェーデン、フィンランドに侵寇（領土化の開始） 1192：源頼朝、征夷大将軍となる（鎌倉幕府）	
	1200	1206：チンギス=ハン即位（モンゴル帝国の誕生） 1241：ハンザ同盟成立 1243：キプチャク・ハン国成立（モンゴル人によるロシア支配） 1271：フビライ・ハンの元国成立 1274：文永の役・元寇の始まり（1281年に再襲来：弘安の役） 1299：オスマン帝国誕生	1200頃：プラプトス橋完成（カンボジア、カンポン・クデイ） 1203以降：鎌倉の切通し再整備（神奈川県、鎌倉市／逗子市） 1252頃：ストックホルム建設開始（スウェーデン、ストックホルム） 1293：通恵河完成（中国、北京）
南北	*1300*	1333：鎌倉幕府滅亡　建武の新政が始まる 1338：足利尊氏、征夷大将軍となる（室町幕府） 1368：明成立（～1644：清） 1392：李氏朝鮮成立（1897：国号を大韓帝国に変更）日本では南北朝の対立が終わる 1397：カルマル同盟成立（デンマークを中心に、スウェーデン、ノルウェーの三国が同君連合を形成）	
室町 戦国	*1400*	1404：足利義満、明との勘合貿易始める 1446：訓民正音（ハングル）、制定される 1453：東ローマ帝国滅亡（オスマン帝国に征服される：コンスタンティノープルは転じて、新首都イスタンブルとなる） 1467：応仁の乱おこる（～1477：下剋上の世へ） 1480：モスクワ大公国、キプチャク・ハン国を破る（大公国がロシアを統一。モスクワはロシアの中心地へ） 1492：コロンブス、新大陸到達	1402：カレル橋完成（チェコ、プラハ） 1460：昌徳宮の秘苑完成（韓国、ソウル） 1487：猿橋の存在記録（山梨県、大月市）
安土桃山	*1500*	1517：ルター、宗教改革開始 1521：アステカ王国滅亡 1522：マガリャンイス（マゼラン）艦隊、世界周航 1533：インカ帝国滅亡 1543：種子島に鉄砲伝来 1560：桶狭間の戦い 1582：本能寺の変 1590：豊臣秀吉が全国を統一する	**16世紀初：インカ道のネットワーク完成（ペルー、クスコ・マチュピチュ）** 1522：金城の石畳完成（沖縄県、那覇市） **1535：リマの創建（ペルー、リマ）** 1563：クルクチェシメ給水路完成（トルコ、イスタンブール） 1566：スタリ・モスト完成（ボスニア・ヘルツェゴビナ、モスタル） 1590：ランテ荘完成（イタリア、バニャイア） 1594：ティビ・ダム完成（スペイン、アリカンテ） 16世紀末頃：ホイアン建設開始（ベトナム、ホイアン）
江戸	*1600*	1600：関が原の戦い 1603：徳川家康、征夷大将軍となる（江戸幕府） 1607：オランダ人探検家、オーストラリア『発見』 1612：この頃アユタヤ朝（タイ）に山田長政が渡航 東南アジア各地に日本町が形成される 1613：ロシアでロマノフ朝成立（～1917） 1615：豊臣氏滅亡 1618：30年戦争開始（～1648：北欧諸国も参戦） 1633：最初の鎖国令（1639年、鎖国令完成） 1635：参勤交代制が始まる 1642：ピューリタン革命（英）（～1649）オランダ人探検家、ニュージーランド『発見』 1661：ルイ14世、親政開始（絶対王政の全盛期）	1601：柳川建設開始（福岡県、柳川市） 1620頃：石井樋完成（佐賀県、佐賀市） 17世紀初：丸山千枚田の存在記録（三重県、熊野市） 1631：ヴェルサイユ庭園建設開始（フランス、ヴェルサイユ） 1634：眼鏡橋完成（長崎県、長崎市） 1653：タージマハル庭園完成（インド、アグラ） 1653：玉川上水完成（東京都） 1655：手結内港完成（高知県、香南市） 1661：貞山運河完成（宮城県、岩沼市～塩釜市） 1664：轟泉水道完成（熊本県、宇土市） 1673：ニューハウン完成（デンマーク、コペンハーゲン） 1676：兼六園建設開始（石川県、金沢市）

江戸

1685：　徳川綱吉、最初の「生類憐みの令」発布
1689：　松尾芭蕉、『奥の細道』の旅へ
　　　　元禄文化が栄える（歌舞伎、浄瑠璃の興隆）
1694：　ピョートル1世、親政開始（～1725）

1700

1700：　北方戦争勃発（～1721：ロシア、バルト海進出）
1712：　ロシア、モスクワからサンクトペテルブルクに遷都
1716：　徳川吉宗が8代将軍となる（享保の改革）
1770：　ジェームズ＝クック、ボタニー湾上陸
　　　　（オーストラリア、イギリス領へ）
1775：　アメリカ独立戦争（～1783）
1789：　フランス大革命勃発
この頃：英国にて産業革命進行中
1792：　ロシア使節ラクスマン、根室来訪（大黒屋光太夫を伴なう）
1799：　ナポレオン、第一統領に就任（1804：皇帝就任）

1800

1809：　フィンランド、スウェーデン領からロシア領となる
1814：　ウィーン会議開催、ブルボン朝復活（仏）
　　　　ノルウェー、デンマーク領からスウェーデン領となる

明治

1821：　ギリシア独立戦争（～29年：対オスマン帝国）
1830：　フランス7月革命（ベルギー、オランダより独立）
　　　　この頃、欧州大陸部でも産業革命が進行
1832：　ゲーテ没　イギリスで第一回選挙法改正
1835：　フィンランドで『カレワラ』刊：民族意識覚醒へ
1848：　フランス2月革命（ウィーンでは3月革命）
1854：　日米和親条約締結
1858：　ムガル帝国滅亡、日米修好通商条約締結
1867：　大政奉還（江戸幕府滅亡）
1868：　明治に改元（明治維新の始まり）
1869：　スエズ運河開通、アメリカ大陸横断鉄道開通
1872：　新橋・横浜間に鉄道開通
1873：　大不況発生（～96年：最初の世界恐慌）
1889：　大日本帝国憲法発布　東海道線全線開通
1894：　日清戦争勃発（～1895）
1895：　下関条約締結（台湾が日本に割譲される）

1900

大正

1900：　義和団事件（日本軍出兵）
1901：　八幡製鉄所操業開始
1904：　日露戦争勃発（～1905）
1905：　ノルウェー、スウェーデンより独立

昭和

1910：　日韓併合（～1945）
1911：　辛亥革命（清滅亡　翌年に中華民国成立）
1914：　第一次世界大戦勃発（～1918）
1917：　ロシア革命（ロマノフ朝滅亡：フィンランド、ロシアから独立）
1918：　米騒動　日本軍のシベリア出兵（～1922）
　　　　原敬の政党内閣が成立
1922：　オスマン帝国滅亡
1923：　関東大震災　トルコ共和国成立
1929：　世界恐慌発生
1931：　満州事変勃発（32～45年：満州国が存在）
1932：　五・一五事件
1933：　ヒトラー内閣成立（ドイツ第三帝国）
1935：　イタリア、エチオピア侵攻（～36）
1936：　二・二六事件　スペイン内戦勃発（～39）
1937：　日中戦争勃発
1939：　第二次世界大戦勃発
1940：　ドイツ軍、北欧を席巻
1941：　日本軍、真珠湾攻撃（太平洋戦争勃発）
1942：　ミッドウェー海戦（日本敗北）
1943：　スターリングラードでドイツ軍降伏
　　　　ガダルカナル島から日本軍撤退
1944：　ミャンマーにてインパール作戦開始
　　　　サイパン島からの本土空襲が始まる
1945：　第二次世界大戦終了（ドイツ・日本降伏）
1946：　日本国憲法公布
1948：　大韓民国成立
　　　　朝鮮民主主義人民共和国成立
1949：　中華人民共和国成立
1950：　朝鮮戦争勃発（～1953）
1951：　サンフランシスコ平和条約（主権回復）
1989：　米ソ首脳マルタ会談にて冷戦終結宣言
1991：　湾岸戦争、ソ連解体、ユーゴ内戦勃発
　　　　韓国、北朝鮮、同時国連加盟

1673：　錦帯橋完成（山口県、岩国市）
1680：　箱根旧街道石畳敷設開始（静岡県、三島市）
1700代：スタヴァンガー建設開始（ノルウェー、スタヴァンガー）
1700：　ドロットニングホルム庭園完成（スウェーデン、ストックホルム郊外）
1702以降：ブリッゲン再建開始（ノルウェー、ベルゲン）
1714：　ペテルゴフ建設開始（ロシア、サンクトペテルブルク）
1740頃：キンデルダイクの風車完成（オランダ、キンデルダイク）
1750：　カリオカ水道橋完成（ブラジル、リオデジャネイロ）
1771：　バンコクの運河網建設開始（タイ、バンコク）
1781：　アイアンブリッジ完成（イギリス、アイアンブリッジ）
1788：　カール・テオドール橋完成（ドイツ、ハイデルベルク）
1793：　ダヴリーチェスキー公園橋完成（ロシア、サンクトペテルブルク）
1796：　華虹門完成（韓国、水原）
1825：　サンマルタン運河完成（フランス、パリ）
1832：　イェータ運河完成（スウェーデン、メム～ショートルプ）
1833：　ウェランド運河完成（カナダ、オンタリオ州）
1837：　エーテランキラン大橋完成（フィンランド、ピュハヨキ）
1847：　霊台橋完成（熊本県、美里町）
1849：　鎖橋完成（ハンガリー、ブダペスト）
1850頃：旧鹿児島港石積防波堤（新波止）完成（鹿児島県、鹿児島市）
1850頃：戸川地区の初期の石垣完成（宮崎県、日之影町）
1853：　パリ大改造（セーヌ川含）開始（フランス、パリ）
1854：　通潤橋完成（熊本県、山都町）
1854：　ゼンメリング鉄道完成（オーストリア、ゼンメリング）
1867：　リトルトン鉄道トンネル完成（ニュージーランド、クライストチャーチ）
1869：　スエズ運河開通（エジプト、スエズ～ポートサイド）
1872頃：神戸旧居留地完成（兵庫県、神戸市）
1873：　ケーブルカー完成（アメリカ、サンフランシスコ）
1874：　テュネル完成（トルコ、イスタンブール）
1877頃：ドンドン坂整備開始（長崎県、長崎市）
1880：　ロイヤルゴージ・ルート鉄道完成（アメリカ、キャノンシティ）
1881：　ダージリン・ヒマラヤ鉄道完成（インド、ダージリン）
1883：　ブルックリン橋完成（アメリカ、ニューヨークシティ）
1887：　三角西港完成（熊本県、宇城市）
1888：　アッパー・ネピアン・ウォーター・サプライ・スキーム運用開始（オーストラリア、シドニー郊外）
1890：　琵琶湖第一疏水完成（滋賀県、津市～京都府、京都市）
1891：　キュランダ鉄道開通（オーストラリア、ケアンズ）
1892：　若松港石積護岸完成（福岡県、北九州市）
1892：　碓氷第3橋梁完成（群馬県、安中市）
1893：　コリントス運河完成（ギリシャ、コリントス）
1896：　オドントトス登山鉄道開通（ギリシャ、ディアコフト～カラヴリタ）
1900：　布引ダム完成（兵庫県、神戸市）
1902：　ロンビャン橋完成（ベトナム、ハノイ）
1903：　大日影隧道開通（山梨県、甲州市）
1903：　日比谷公園開園（東京都、千代田区）
1903：　レッチワース・ガーデンシティ建設開始（イギリス、レッチワース）
1906：　アカタン砂防施設完成（福井県、南越前町）
1908：　小樽港最初の防波堤完成（北海道、小樽市）
1908：　地下都市形成への最初のトンネル完成（メキシコ、グアナファト）
1909：　大湊第一水源地堰堤完成（青森県、むつ市）
1910：　グラフトン橋完成（ニュージーランド、オークランド）
1910頃：大下水渠完成（オーストリア、ウィーン）
1911：　藤倉ダム完成（秋田県、秋田市）
1912：　ボンジーニョ開業（ブラジル、リオデジャネイロ）
1913：　阿里山森林鉄道完成（台湾、阿里山）
1913：　グエル公園完成（スペイン、バルセロナ）
1914：　奥沢溢流路完成（北海道、小樽市）
1914：　パナマ運河完成（パナマ、パナマシティ・コロン）
1917：　サントル運河のボートリフト完成（ベルギー、ラ・ルヴィエール）
1919：　箱根登山鉄道完成（神奈川県、小田原市～箱根町）
1919：　明正井路第一幹線1号橋完成（大分県、竹田市）
1922：　ロック&ウィアー1号完成（オーストラリア、ブランチェタウン）
1923：　笹流ダム完成（北海道、函館市）
1923：　安房森林軌道完成（鹿児島県、屋久島町）
1923：　耶馬溪橋完成（大分県、中津市）
1924：　大河津分水路完成（新潟県、燕市）
1924：　酒津樋門（岡山県、倉敷市）
1926：　南河内橋完成（福岡県、北九州市）
1928：　祖谷のかずら橋復活完成（徳島県、三好市）
1930：　烏山頭ダム完成（台湾、新営）
1931：　生振捷水路完成（北海道、石狩市）
1931：　末広橋梁完成（三重県四日市市）
1931：　大井川鉄道の金谷-千頭間完成（静岡県）
1932：　旭橋完成（北海道、旭川市）
1932：　惣郷川橋梁完成（山口県、阿武町）
1932：　ハーバーブリッジ完成（オーストラリア、シドニー）
1934：　丹那トンネル開通（静岡県、熱海市／函南町）
1935：　蕨野の石垣棚田（三反の田）完成（佐賀県、唐津市）
1936：　フーバーダム完成（アメリカ、アリゾナ・ネバダ州境）
1937：　黒部峡谷鉄道全線完成（富山県、黒部市）
1937：　三滝ダム完成（鳥取県、智頭町）
1937：　ゴールデンゲート橋完成（アメリカ、サンフランシスコ）
1938：　白水ダム完成（大分県、竹田市）
1940：　フロム鉄道開通（ノルウェー、フロム～ミルダール）
1942：　関門鉄道トンネル完成（山口県、下関市～福岡県、北九州市）
1943：　泰緬鉄道完成（タイ、カンチャナブリ）
1943：　ハウラー橋完成（インド、コルカタ）
1994：　安治川トンネル完成（大阪府、大阪市）

※）緑色文字は書籍『土木遺産I～V』掲載の「土木遺産」

歴史監修：金本浩二（昭和第一学園高等学校 地歴公民科教諭）

執筆者と参考文献等一覧表

（※取材協力・資料提供先は取材時の名称）

ウェランド運河	茂木道夫	パンフレット『CANADIAN Geographic The St. Lawrence Seaway』The St. Lawrence Seaway Management Corporation 2009／『THE WELLAND CANAL SECTION OF THE ST. LAWRENCE SEAWAY HP』The St. Lawrence Seaway Management Corporation 2003／パンフレット『Niagara's Welland Canal, Niagara, Canada』Tourism Excellence Niagara 2013／小冊子『ABC'S OF THE SEAWAY』The St. Lawrence Seaway Management Corporation／小冊子『The Driver's Guide to the Welland Canal』、Colin K. Duquemin 2004／小冊子『The Driver's Guide to the Historic Welland Canal』Colin K. Duquemin 2004／写真集『Historic Welland Canals』Roger Bradshaw 2014【取材協力・資料提供】St.Catharines Museum／坂田晴彦(通訳)
ブルックリン橋	川崎謙次	『ブルックリン橋』Alan Trachtenberg 大井浩二訳 一九六五年 研究社出版／『NEW YORK ブルックリンの橋』川田忠樹 一九九四年 科学書刊／『ブリュッケン』Fritz Leonhardt 田村幸久監訳 一九九八年 メイセイ出版／『都市交通の世界史』小池滋・和久田康雄 二〇一二年 悠書館／『水曜会誌』第二三巻第１号「鉄鋼業における最近の技術開発について」柳島章也 一九九九年 京都大学水曜会／「American Society of Civil Engineers(ASCE) HP」(http://www.asce.org/)／「LIBRARY OF CONGRESS HP」(http://www.loc.gov/)【取材協力・資料提供】Matthew Postal, Architectural Historian／柏木裕子(通訳)
ロイヤルゴージ・ルート鉄道	近藤安統	『Rails Thru The Gorge A Mile By Mile Guide For The Royal Gorge Route』Doris B. Osterwald 2003 Western Guideways.Ltd／『Royal Gorge Route Railroad HP』(https://www.royalgorgeroute.com/)／「在デンバー日本総領事館ホームページ」(http://www.denver.us.emb-japan.go.jp/jp/bilateral/co.html)／『黄金のくさび 海を渡ったラストプリンス松平忠厚(上田藩主の弟)』飯沼信子 一九九六年 郷土出版／『苦難の道を自ら切り開いた天才技術者の生涯』高崎哲郎 土木学会誌ｖｏｌ.八八 二〇〇三年一〇月号／『STRUCTURE』August, 2008「C. Shaler Smith」The National Council of Structural Engineers Associations(NCSEA)【取材協力・資料提供】Royal Gorge Route Railroad／小池きよみち(通訳)
フーバーダム	佐々木勝	『フーバーダム(Hoover Dam)』星清 開発土木研究所月報第四九〇号 一九九四年三月号／『RECLAMATION Managing Water in the West HOOVER DAM』U.S. Department of the Interior Bureau of Reclamation Lower Colorado Region, January 2006／『THE STORY of THE HOOVER DAM』Nevada Publications／『RECLAMATION Managing Water in the West』Lower Colorado Region(http://www.usbr.gov/lc/hooverdam/)／『ダム便覧』一般財団法人日本ダム協会(http://damnet.or.jp/Dambinran/binran/TopIndex.html)【取材協力・資料提供】U.S. Department of the Interior Bureau of Reclamation／Ben小田(通訳)
ケーブルカー	大角　直	『The Cable Car in America』George W. Hilton 1997 Stanford University Press／『Watermusic in the Track』2012 Friends of Cable Car Museum／「San Francisco Cable Car Museum HP」(http://www.cablecarmuseum.org/)／「Virtual Museum of the City of San Francisco HP」(http://www.sfmuseum.net/)【取材協力・資料提供】San Francisco Municipal Transportation Agency／井坂暁(通訳)
ゴールデンゲート橋	塚本敏行	『ゴールデンゲート物語 夢に橋を懸けたアメリカ人』中川良隆 二〇〇五年 鹿島出版会／『アメリカの道路橋 道路橋専門視察団報告書(Productivity report 第一〇九)』日本生産性本部 一九六一年／『Highlights, Facts & Figures』Golden Gate Bridge, Highway and Transportation District 2009／『GOLDEN GATE BRIDGE History And Design Of An Icon』Donald Macdonald and Ira Nadel 2008 Chronicle Books LLC／『GOLDEN GATE BRIDGE Big Steel Rising』Golden Gate Bridge, Highway and Transportation District 2012／パンフレット『GOLDEN GATE BRIDGE』Golden Gate Bridge, Highway and Transportation District 1997／「ゴールデンゲートブリッジのバーチャル展示」(http://goldengate.org/exhibits/japanese/index.php)【取材協力・資料提供】Golden Gate Bridge, Highway and Transportation District／井坂暁(通訳)
グアナファト	近藤安統	『Guide to Cultural -Routes in Guanajuato』Guanajuato World Heritage Association 2011／『Santa Fe y Real de Minas, Guanajuato』Gobierno del Estado de Guanajuato Secretaría Técnica 2010：Coordinador：Isauro Rionda Arreguín／「外務省ホームページ」(http://www.mofa.go.jp/mofaj/area/mexico/)【取材協力・資料提供】Dr. Jose Luis Lara Valdes (Director Municipal de Cultura y Educacion)／Direction Municipal de Cultula y Education／田中恭子(通訳)
パナマ運河	平田　潔	『パナマを知るための五五章』国本伊代・小林志郎・小澤卓也 二〇〇四年 明石書店／『パナマ運河史』河合恒生 一九八〇年 教育社／「在パナマ日本大使館ホームページ」(http://www.panama.emb-japan.go.jp/)／「Panama Canal Authority HP」(http://www.pancanal.com/eng/)／『Guide to the Panama Canal』Ediciones Balboa-Panama 2015／『パナマ運河と地すべり』SABO Vol.73 中村浩之 砂防・地すべり技術センター 二〇〇二年／『ぱなま運河の話』青山士 一九三九年【取材協力・資料提供】Autoridad del Canal de Panamá(ＡＣＰ：パナマ運河庁)／David J. Kanagy(通訳)
リマ	金野拓朗	『EL CENTRO HISTÓRICO DE LIMA』(リマ市パンフレット)PROLIMA／『CENTRO HISTÓRICO DE LIMA』(市街地の建築分布図)PROLIMA／『興亡の世界史一二 インカとスペイン帝国の交錯』網野徹哉 二〇〇八年 講談社／『ペルーを知るための六六章【第二版】』細谷広美 二〇一二年 明石書店／『世界史史料七 南北アメリカ先住民の世界から一九世紀まで』歴史学研究会 二〇〇八年 岩波書店／『天空の帝国インカ その謎に挑む』山本紀夫 二〇一一年 PHP研究所【取材協力・資料提供】PROLIMA(リマ市)／Beatriz Arakaki(通訳)
カパック・ニャン	有賀圭司	『TIPOLOGIA DE ESTRUCTURAS EN EL QHAPAQ ÑAN』ペルー共和国文化省クスコ文化局 2012／『ペルーにおけるインカ道の諸形態』梅原隆治 一九八八年 歴史地理学／『ペルーにおけるインカ道遺構の損壊に関する事例研究』梅原隆治 二〇〇九年 四天王寺大学紀要／『インカ道の利用・維持管理状況聞き取り調査：ペルー国コンチュコス地域の事例から』大谷博則 二〇一三年 奈良大学大学院研究年報／『景観の創造と神話・儀礼の創作—インカ帝国の首都クスコをめぐって—』坂井正人 二〇〇五年 国立民族学博物館調査報告／『中央アンデス農耕文化論』山本紀夫 二〇一四年 国立民族学博物館調査報告【取材協力・資料提供】Dirección Desconcentrada de Cultura de Cusco(クスコ文化局)／Federico Moreyra & Moritoshi Yoshida(通訳)

ボンジーニョ	塚本敏行	「Bondinho HP」(http://www.bondinho.com.br/)／「ニッケイ新聞」(http://www.nikkeyshimbun.com.br/nikkey/html/show/121030-23brasil.html)(ブラジル国サンパウロ州サンパウロ市で発行されている、移住者や日系人・駐在員向けの日本語新聞)／『Bondinho do Pão de Açúcar Sugar Loaf cable car』Andrea Jakobsson Estúdio Editorial Ltda. & Companhia Caminho Aéreo Pão de Açúcar, CCAPA 2008／『COMPANHIA CAMINHO AÉREO PÃO DE AÇÚCAR -1908』Companhia Caminho Aéreo Pão de Açúcar, CCAPA(Sugar Loaf Aerial Pathway Company)／『COMPANHIA CAMINHO AÉREO PÃO DE AÇÚCAR -Reforma das estações』Companhia Caminho Aéreo Pão de Açúcar, CCAPA (Sugar Loaf Aerial Pathway Company)【取材協力・資料提供】Companhia Caminho Aéreo Pão de Açúcar(CCAPA)／Julia Mograbi & Fujiko Nishiyama(通訳)
カリオカ水道橋	近藤安統	『OFICINA de ESTUDOS da PRESERVACAO』Projeto de Restauracao dos Arcos da Lapa IPHAN 2010／「外務省ホームページ」(http://www.mofa.go.jp/mofaj/area/brazil/)／「在ブラジル日本大使館ホームページ」(http://www.br.emb-japan.go.jp/itpr_ja/)／「駐日ブラジル大使館ホームページ」(http://www.brasemb.or.jp/)【取材協力・資料提供】IPHAN (Instituto do Patrimônio Histórico e Artístico Nacional)／Astorga(Consultoria Planejamento e Gerenciamento de Projetos)／Julia Mograbi & Fujiko Nishiyama(通訳)
キュランダ鉄道	箕輪知佳	『Nomination of the CAIRNS KURANDA SCENIC RAILWAY for recognition as a NATIONAL ENGINEERING LANDMARKUNDER THE AUSTRALIAN HISTORIC ENGINEERING PLAQUING PROGRAM』Cairns Local Group of Engineers Australia Queensland Rail Engineering Heritage Australia(Queensland) 2005／『CAIRNS RANGE RAILWAY 1886-1891』AN HISTORICAL SOCIETY OF CAIRNS PUBLICATION 1991／「キュランダ鉄道公式ホームページ」(http://www.ksr.com.au/KSRJapan/Pages/Default.aspx)／『オセアニア鉄道旅行』櫻井寛 二〇一〇年 イカロス出版／『オセアニアの鉄道』秋山芳弘 二〇〇七年 旺文社／『海外紀行～オーストラリアのキュランダ観光鉄道を行く 後編』三七巻七号 秋山芳弘 一九九六年 オフィス・スペース【取材協力・資料提供】Graeme Haussmann(Railway Engineer)／Akemi Fukatsu(通訳)
ロック&ウィアー一号	茂木道夫	『Lock1-Blanchetown Construction, Maintenance & Operations』Presentation資料 SA Water 2016／「South Australian Water Corporation(SA Water) HP」(https://www.sawater.com.au/community-and-environment/the-river-murray)／「Blanchetown, South Australia home of Lock No 1 HP」(http://www.murrayriver.com.au/blanchetown/)／『River Murray Navigation』MURRAY-DARLING BASIN COMMISSION／『これならわかるオーストラリア・ニュージーランドの歴史Q&A』石出法太・石出みどり 二〇〇九年 大月書店【取材協力・資料提供】SA Water(Garry Fyfe)／Kayoko Todd(通訳)
アッパー・ネピアン・ウォーター・サプライ・スキーム	塚本敏行	『Celebrating 125 years of the Upper Nepean Scheme』Sydney Catchment Authority／『DAMS OF GREATER SYDNEY AND SURROUNDS Upper Nepean』WaterNSW／『Sydney's Upper Nepean Water Supply System』Sydney Catchment Authority／『Upper Nepean』&『Warragamba』WaterNSW 2015／「WaterNSW HP」(http://www.waternsw.com.au/home)／「NSW Office of Environment and Heritage(OEH) HP」(http://www.environment.nsw.gov.au/heritageapp/ViewHeritageItemDetails.aspx?ID=4580004)【取材協力・資料提供】Engineering Heritage Sydney(Michael Clarke/Stephen Lockhart/Jon Breen/Guy Boncardo)／Tomoko Namiki(通訳)
ハーバーブリッジ	有賀圭司	『Sydney harbour bridge』Richard Barnes Arcadis 2015／『Sydney harbour bridge Conservation Management Plan 2007』Roads and Traffic Authority(RTA)／『「棄民」植民地オーストラリア』オーストラリア研究第七号 一九九六年一月号 鈴木顕介／『オーストラリア建国物語』リチャード・エバンズ／アレックス・ウエスト 内藤嘉昭訳 二〇一一年 明石書店／『シドニー・ハーバー・トンネルの沈埋函の外洋曳航』土木学会論文集Ｎｏ．四三五 斉藤尚武・山崎晶 一九九一年【取材協力・資料提供】ARCADIS(Richard Barnes)／Tomoko Namiki(通訳)
リトルトン鉄道トンネル	油谷百百子	『Lyttelton : Port and Town. An Illustrated History』Geoffery W. Rice 2004 Canterbury University Press／『A History of Lyttelton Port』W.H.Scotter Lyttelton Harbour Board 1968／『Christchurch City Contextual History Overview』Christchurch City Council／『History of Canterbury Railways』The New Zealand Railways Magazine Volume6／『Contextual Historical Overview of Christchurch City』Dr.John Wilson 2005【取材協力・資料提供】ARMAREONG Track Consultants(Harvey Armstrong)／Hiromi Jin'o(通訳)
グラフトン橋	大角 直	『Articles on Ports and Harbours of New Zealand』2011 Hephaestus Books／『Grafton Bridge Strengthening』Will Pank／『これならわかるオーストラリア・ニュージーランドの歴史Q&A』石出法太・石出みどり 二〇〇九年 大月書店／『現代ニュージーランド』地引嘉博 一九九一年 サイマル出版会／『ニュージーランド入門』日本ニュージーランド学会 一九九八年 慶應義塾大学出版会【取材協力・資料提供】Beca Infrastructure Ltd.(Will Pank)／Auckland Transport／IPENZ(The Institution of Professional Engineers New Zealand)／Yukie Guy(通訳)
類似土木施設	塚本敏行	「国土交通省中部地方整備局木曽川下流河川事務所ホームページ」船頭平閘門 http://www.cbr.mlit.go.jp/kisokaryu/sisetu/sendohira-detail.html／「首都高速道路株式会社Ｗｅｂサイト」レインボーブリッジ https://www.shutoko.jp/fun/lightup/rainbowbridge/overview/／「わたらせ渓谷鐵道株式会社ホームページ」わたらせ渓谷鐵道の歴史 https://www.watetsu.com/company.html／「黒部ダムオフィシャルサイト」http://www.kurobe-dam.com/／『土木学会誌付録 土木未モニュメント見て歩き』黒部ダム 土木学会 一九九一年／「比叡山鉄道株式会社坂本ケーブル ホームページ」http://www.sakamoto-cable.jp/／「北九州の蔵出し情報誌『DOBOKU』思わず行ってみたくなる一三〇選」若戸大橋 北九州市 二〇一三年／「大谷資料館ホームページ」展示内容 http://www.oya909.co.jp/contents/／『富岩運河 中島閘門』現地説明板 富山県富山港管理事務所／「富山県ホームページ」http://www.pref.toyama.jp/cms_sec/1541/kj00016047.html／「鎌倉市ホームページ」https://www.city.kamakura.kanagawa.jp/kamakura-kankou/meisho/117kiridoosi.html／『人は何を築いてきたか』国道の原形 土木学会編 一九九五年 山海堂／「奈良県東京事務所情報発信課公式ホームページ」山の辺の道 https://www.mahoroba-kan.jp/sightseeing_details8.html／『知られざる鉄道』けいてつ協會 一九九七年 ＪＴＢ／「函館山ロープウェイ株式会社ホームページ」https://334.co.jp/ropeway/／「臨済宗大本山南禅寺公式サイト」疏水 http://www.nanzen.net/keidai_sosui.html／「京都観光オフィシャルサイト」南禅寺水路閣 https://ja.kyoto.travel/tourism/single02.php?category_id=8&tourism_id=941／「黒部峡谷鉄道公式サイト」黒部峡谷とは https://www.kurotetu.co.jp/about_kurobe/／「国土交通省関東地方整備局江戸川河川事務所ホームページ」関宿水閘門 http://www.ktr.mlit.go.jp/edogawa/edogawa00226.html／「東京都水道局ホームページ」玉川上水の歴史 https://www.waterworks.metro.tokyo.jp/kouhou/pr/tamagawa/rekishi.html／「日立造船株式会社ホームページ」東京ゲートブリッジ https://www.hitachizosen.co.jp/pickup/pickup007.html／「東京都港湾局ホームページ」東京ゲートブリッジ https://www.kouwan.metro.tokyo.lg.jp/kanko/gatebridge/／「清水谷戸トンネル」現地案内板 平成三年三月 ＪＲ東日本 歴史的建造物調査委員会／現地案内板プレート「聖橋の由来」平成四年三月 東京都
取材コーディネート		ティ・シィ・アイ・ジャパン株式会社(TCI JAPAN INC.)

写真撮影者一覧表

撮影者	掲載ページ（写真下にクレジットを入れた個人以外の提供者名を除く）
Part 1	
ウェランド運河	
茂木 道夫	11下・16中・18下
川崎 謙次	11上・12・13左・15右・16上・17
近藤 安統	18上
佐々木 勝	16下
大角 直	14中
塚本 敏行	12左・13右・14下・19全3枚
初芝 成應	15左
ブルックリン橋	
茂木 道夫	23
川崎 謙次	26上右・27下
近藤 安統	24右
佐々木 勝	21下
大角 直	25中・26上左
塚本 敏行	25上・26下
ロイヤルゴージ・ルート鉄道	
茂木 道夫	34右・35下
川崎 謙次	30中
近藤 安統	29・33下2枚・34左
佐々木 勝	30上
塚本 敏行	34中
初芝 成應	30下
フーバーダム	
茂木 道夫	38下・42上
川崎 謙次	36
近藤 安統	41右
佐々木 勝	38中・43下
大角 直	41左
塚本 敏行	42中
初芝 成應	37
惣慶 裕幸	43上2枚
ケーブルカー	
茂木 道夫	44・50中
川崎 謙次	48中・51下
近藤 安統	49左・50下
佐々木 勝	46左
大角 直	48上・49右
塚本 敏行	48下・51上2枚
ゴールデンゲート橋	
川崎 謙次	57右
佐々木 勝	55・58中
塚本 敏行	52・56中左・57左・58下・59下2枚
初芝 成應	56中右
大波 修二	59上
Part 2	
グアナファト	
平田 潔	68 2枚・72
近藤 安統	64左・67 2枚・69下・70上・70中・71
塚本 敏行	64右・65・69上・70下・73下
徳武広太郎	73上2枚
パナマ運河	
平田 潔	79下・80上右・81下
近藤 安統	75上
塚本 敏行	80中・81上2枚

リマ	金野 拓朗	83・86中2枚
	有賀 圭司	85上・85下・87・89下
	近藤 安統	82
	塚本 敏行	85中・86上
	水野 寿行	89上
	髙橋 真弓	89中
カパック・ニャン	金野 拓朗	92下
	有賀 圭司	91・95上2枚・96
	塚本 敏行	95中・97下
ボンジーニョ	近藤 安統	104上2枚・105下
	塚本 敏行	99・100上右・101下・102 2枚・104下・105中
	松嶋 健太	105上
カリオカ水道橋	近藤 安統	110中右・111・112中
	塚本 敏行	107・112上・113下2枚
	惣慶 裕幸	113上

Part 3

キュランダ鉄道	箕輪 知佳	120上
	茂木 道夫	124左
	有賀 圭司	120中
	大角 直	120下・121・125下
	塚本 敏行	118・123・125中
	惣慶 裕幸	125上
ロック&ウィアー一号	箕輪 知佳	130中左
	有賀 圭司	127上・129中・132
	大角 直	129上・131上
	塚本 敏行	126・130上2枚・130中右・133全3枚
アッパー・ネピアン・ウォーター・サプライ・スキーム	箕輪 知佳	135上・138中・141下
	茂木 道夫	140
	大角 直	138上
	塚本 敏行	134・141中
	和田 淳	141上
ハーバーブリッジ	箕輪 知佳	150中
	茂木 道夫	149上右
	有賀 圭司	143・144・145上・147中・150上・150下
	大角 直	149上左・149中左
	油谷百子	148中
	塚本 敏行	145下・149中右・151下
	初芝 成應	151上2枚
リトルトン鉄道トンネル	有賀 圭司	154下
	油谷百子	153上・154上・155上右・159下
	塚本 敏行	154中
	谷口 史記	159上2枚
グラフトン橋	箕輪 知佳	165・167下
	茂木 道夫	166下
	有賀 圭司	166中
	油谷百子	164上左
	塚本 敏行	166上
	惣慶 裕幸	167上2枚

JCCA 一般社団法人 建設コンサルタンツ協会

建設コンサルタントとは、産業革命で湧く19世紀初頭のイギリスで産声をあげ、わが国では戦後に立ち上げられたもので、“土木施設”を整備するための調査、計画および設計、建設時の監理や建設後の維持点検などの土木全般に関する技術を専門家として提供する職業です。その分野は、港湾、空港、海岸、河川、ダム、道路、橋梁などの構造物をはじめとして、電力、ガス、上下水道などのライフライン、都市、公園、情報、環境などの社会資本整備に関わるあらゆる範囲にわたっています。

一般社団法人建設コンサルタンツ協会は、これら建設コンサルタント企業の集まりとして昭和38年3月に設立された組織です。21世紀の社会資本の整備·活用をリードし、多様化する役割と拡大する領域を担い、技術を磨き合って優秀な技術者が活躍する「Profession For The Next」をめざし、子孫に誇れる美しく豊かな国土を実現するために貢献することを念頭に、資質と技術力の向上を図り、公共の福祉の増進に寄与することを目的に業務、経営基盤の強化に関する調査・研究、情報収集、資格認定、講習会の開催などの事業や社会貢献活動を行っています。

一般社団法人建設コンサルタンツ協会ホームページ：http://www.jcca.or.jp/

一般社団法人 建設コンサルタンツ協会『Consultant』編集部

代　表　髙橋　真弓

編　集　佐々木　勝
有賀　圭司
谷口　史記
山上　英之
浅見　暁
米岡　威
村山　千晶
植村　将一
浅野　泰弘
阪口　直人
山田　耕治
川瀬　喜雄
油谷　百百子
塚本　敏行

本書は、一般社団法人 建設コンサルタンツ協会PR誌『Consultant』の左記の号に掲載された記事に、加筆修正を加えたものです。

・二六六号（平成二七年一月号）
・二六八号（平成二七年七月号）
・二七〇号（平成二八年一月号）
・二七二号（平成二八年七月号）
・二七四号（平成二九年一月号）
・二七六号（平成二九年七月号）

土木遺産Ⅵ
――世紀を越えて生きる叡智の結晶　アメリカ・オセアニア編

2020年2月5日　第1刷発行

編　者――――一般社団法人建設コンサルタンツ協会『Consultant』編集部
発行所――――ダイヤモンド社
〒150-8409　東京都渋谷区神宮前6-12-17
http://www.diamond.co.jp/
電話／03･5778･7235（編集）　03･5778･7240（販売）

装丁･本文デザイン ― 櫻井和則（大應）
製作進行――――ダイヤモンド・グラフィック社
レイアウト・印刷 ― 大應
製本――――――ベクトル印刷
編集担当――――久我　茂

ISBN 978-4-478-10951-9